教會孩子照顧自己，是他一生最好的禮物

把握0～3歲黃金期，爸媽第一次蒙特梭利育兒就上手！

具國際蒙特梭利教育資格證書之
首對華人夫妻
尹亞楠、吳永和——著

推薦序

跟隨孩子的成長節奏

陳愛娣
國際蒙特梭利協會中國隸屬協會創始人

亞楠和我算得上忘年之交，我們都對教育充滿熱忱，也願意身體力行做些事情。她此次邀請我為她和吳永和博士的新書作序，我感到十分榮幸。通讀全書，我感佩於二位作者在這本書上傾注的精力，感動於他們分享的家庭細節，感慨於他們對蒙特梭利教育方式的深刻理解。

「幼吾幼以及人之幼。」亞楠利用自己帶孩子的時間積累素材、搜集資料，不斷摸索和嘗試，將活動設計與操作領悟分享給讀者，為更多的家長提供建議，實乃美事一樁。

讀這本書的時候，我不禁回想起自己作為教育領域的「專家」時常遇到的情況。焦急的家長常在講座後拉住我，向我諮詢關於他們孩子的問題，「為什麼」和「應該怎麼辦」是我最熟悉的話。有的時候，為了節約時間，家長們甚至會跳過「為什麼」，直接問「怎麼辦」。我常忍不住想，如果我只是透過簡單詢問幾句，就可以給出諸如「在地板上放一面鏡子」或者「在家裡放上某教具」這樣的建議，然後家長立刻照辦，收到了立竿見影的效果，孩子馬上就變成了家長眼裡「沒有問題」的孩子，那該有多好！一條妙計使眾人皆大歡喜，這樣我才對得起「專家」這個稱呼。

可現實是，我並沒有這麼具體可行的妙計，因為我不是和那個孩子朝夕相處的人，來聽講座的家長很可能也是頭一次與我見面。面對這些家長殷切期盼的眼神，我往往會很謹慎地給出建議，因為那個讓家長憂心忡忡的孩子，我並不瞭解：我不知道他每日的生活規律，不知道他的喜怒哀樂，不知道他的脾氣、愛好……於是我只能比較寬泛地解釋：「要觀察孩子的需求，移除不必要的阻礙……」這在很多家長看來，操作起來簡直難於上青天。然而我自己知道，在說這話的時候，我是極認真、極真誠的。就像亞楠在書中所說，觀察孩子是最基礎、最重要、最不可缺少的過程，因為每個孩子都是獨立的個體，有自己的個性和特點，沒有觀察，談何建議？

那麼，如何觀察孩子呢？如何發現和回應孩子的需求呢？書裡就有很多很好的具體建議。同時，亞楠分享了她的觀察所得，還附上了很多家庭活動的操作步驟。跟隨那些細緻的步驟，活動的畫面都能展現在你面前。只是步驟再細緻，描述再到位，也依然不及用心觀察你眼前那個活潑潑的孩子，那個值得用最大的愛意去尊重的小小人兒。這就是作者花了許多篇幅介紹觀察方法、孩子的發展特點以及成人應扮演的角色的原因。每一個操作步驟的「靈魂」，都在於理解。

現在，請家長放慢腳步，跟隨孩子的節奏，帶著對自己和孩子應有的信心，帶著輕鬆的心情，開始閱讀吧。要相信，在家庭中，很多專家解決不了的「問題」，愛和理解可以解決。感受到尊重和愛的孩子，將會自信滿滿地迎接明天。

前言

育兒道理很多，難在如何去做

我們不是為今天的世界培養兒童。等他們長大的時候，這個世界就變了。我們不知道未來的世界如何，那麼就教他們學會適應吧。

——瑪麗亞．蒙特梭利

蒙特梭利教育起源於歐洲，很多歐洲的蒙特梭利學校都頗有年頭，當然，歐洲也已經有好幾代「蒙氏兒童」了。在歐洲生活的這些年，我有緣結識了幾位已成年的「蒙氏兒童」。在這個曾經的「未來世界」裡，他們都自信、自由、充滿創造力地幸福生活著，他們正在創造著我們無法預知的「未來世界」。

當然，還有很多為大眾所熟知的「蒙氏兒童」，比如現代管理學之父彼得．德魯克（Peter Drucker）、亞馬遜創始人傑夫．貝佐斯（Jeff Bezos）和微軟公司創始人比爾．蓋茲等。雖然我並不認可「蒙特梭利教育是成功者的搖籃」這種說法，但這種教育法的確培養出了各行各業的很多領軍人物。由於蒙特梭利教育能夠幫助孩子創造性地面向未來世界，「蒙氏兒童」也就容易獲得世俗意義上的「成功」，儘管這並不是蒙氏教育的初衷。

華人世界的蒙特梭利學校雖然起步晚，卻發展迅猛。可是對大部分家庭來說，在自家附近找到真正的蒙氏學校仍然很難。這樣一來，是不是大部分孩子就與蒙氏教育無緣了？

其實，不論是在北美和西歐的發達國家，還是在非洲和印度的偏遠地區，在全世界的各個角落都能發現很多在家中實踐蒙氏教育的父母，我們稱其為蒙氏父母。所以，將蒙氏教育應用在家庭中，完全不受地域和經濟條件的限制，華人父母也完全可以輕輕鬆鬆把蒙氏教育帶回家，讓孩子從中受益。

在歐洲這些年，我很少遇到從事一線幼稚教育工作的中國人。作為歐盟地區屈指可數的中國蒙特梭利教師，我一直很想將歐洲蒙特梭利家庭教育的經驗分享給華人父母。在家庭教育這個領域，我切身體會到，歐洲要領先華人世界很多年，歐洲的父母早已將蒙特梭利教育的精髓自如地應用到家庭中了。

近年來，越來越多的父母朋友向我提出如何在家實踐蒙氏教育的問題。學習蒙特梭利教育專業並從事一線工作多年，我感覺這不是幾句話、一兩篇文章或者幾節課就能解釋清楚的。我不推薦父母攻克蒙特梭利專業原著，不僅是因為這些專著閱讀難度較大，還因為即使大家真有精力讀了下來，可能也不知道怎麼應用。而偏於實踐、較為專業的書大多出自國外，華人父母容易「水土不服」，況且很多書只停留在遊戲活動的層面。如果僅強調形式、浮於表面地實踐蒙特梭利教育，而沒有領會蒙氏教育的精髓，沒有深入地進行家庭觀察並精心設計家庭環境，就算不得真正的蒙特梭利教育。

為什麼我們如此重視家庭觀察和環境設計？當然蒙氏理念不局限於此。我們用觀察記錄和設計圖紙的方式將腦海中的蒙特梭利育兒地圖呈現給大家，是因為對於「新手父母」和未曾接觸過蒙氏理念的父母來說，家庭觀察和環境設計最容易上手，最能幫助父母從實踐中看到孩子的成長變化，然後逐步領悟蒙特梭利教育哲學，最終活學活用，培養出健康、平和、自信、獨立的蒙氏寶寶。

在此，擁有十幾年歐洲最頂尖機構生物科研背景的爸爸負責教養理念的科學考證，擁有四個國家兒童教育一線經驗的媽媽負責跨文化的育兒經驗比較，如今借著養育自己女兒的機會，我們二人將蒙特梭利家庭教育本土化的經驗分享給渴望學習的華人父母，這是我們的榮耀，也自覺是我們的使命。

本書分為兩個部分，第一部分從媽媽和爸爸的不同視角來分享我們眼中的蒙氏理念和蒙氏父母。

在第一章，我從蒙特梭利教育的專業角度引導大家實踐個性化家庭教育。我們首先透過跟蹤觀察，瞭解孩子獨一無二的發展節奏和個性特質，繼而設計出適合孩子個性化成長的家庭環境。在實踐之前，只有深刻理解家庭觀察和環境設計背後的意義和要領，我們才能更有效地將第二部分的實踐方案落地執行。

在接下來的第二章，我又介紹了法國媽媽敏銳、理性的教養風格和獨立、自信的個性氣質，她們可謂蒙氏媽媽的最佳代言。應用部分，在蒙氏理念的基礎上，我也借鑒了很多法式傳統育兒方法，尤其是睡眠、進餐、藝術啟蒙等方面的有效經驗，並在法國媽媽的啟發下，嘗試探索出了一條更適應現代華人社會的育兒之路。

在第三章，爸爸從自身腦科學專業的角度實證解析了蒙氏教育的幾大核心理念。儘管世界上沒有完美的教育理論，蒙特梭利教育也存在著缺點，比如教師培訓難度大、個別理論有待實證和完善等，但從家庭應用方面來說，我們所做的就是拋開存有爭議或難以操作的部分，精心選擇經過科學驗證和親身實踐的成果與大家分享。

第四章，爸爸又從自身的角度出發，給大家分享了德國父親的育兒啟示，以及他所領悟的蒙氏爸爸在孩子成長的不同階段應扮演的角色，並藉由幾個育兒場景進一步探討了夫妻二人應如何透過互助合作的方式，提高育兒的效率和品質。

第二部分是我們夫妻二人在家實踐蒙特梭利教育的具體方案。我們將孩子3歲以前分成三個月齡階段：0～5個月、5～12個月以及12～36個月。每個階段都以我們家的環境設計圖紙以及對女兒成長的詳細觀察記錄開始，然後對分區設計進行理念和實際操作解讀。我們從餵養區／進餐區、睡眠區、護理區、活動區以及孩子的精神世界這五大方面，詳解了各個月齡階段父母應如何在家實踐蒙特梭利教育。

此外，我們還以自己的家庭觀察記錄為藍本，參考國際蒙特梭利協會（Association Montessori Internationale，簡稱AMI）的心理動作發展圖，為大家精心設計了0～3歲蒙特梭利家庭方案圖。借助這張圖，讀者可以在家庭觀察手記中記錄孩子的成長變化。觀察手記將是你們和孩子未來的財富，還有可能會成為「傳家寶」。從戴安娜王妃開始，兩代英國王子都接受過蒙特梭利教育，說不定你們的蒙氏家庭方案也能借助這本觀察手記世代相傳。

瑪麗亞．蒙特梭利博士常說：「我聽過了，我就忘記了；我看見了，我就記住了；我做過了，我就理解了。」中國著名的教育家陶行知也認為：「行是知之始，知是行之成。」其實很早的時候，荀子就說過：「不聞不若聞之，聞之不若見之，見之不若知之，知之不若行之。學至於行之而止矣。」這些聖人之言其實都表達了一個簡單的思想：只有實踐了才能真正領會其中精髓。

這就是很多家長為何讀了很多育兒書、聽了很多育兒課還是無法提高教養水準而感到困惑的原因之一。育兒最難的地方就在於真正去做，哪怕你只知道一點點，馬上行動，經過自己的觀察、驗證再行改進，就會見效。育兒就在於當下，孩子的變化就在朝夕之間。所以我們精心設計了本書的結構，重點就在於手把手地指導大家如何去做，如何進行家庭觀察和環境設計。我們希望讀了這本書的父母透過日積月累的實踐，能夠真正領會蒙特梭利教育理念的精髓。

在家中踐行蒙特梭利教育並不能讓我們成為完美的父母，而只能幫助我們成為更好的父母。在養育最關鍵的前三年，如果能有效地提高自己的教養水準，我們便不會走太多彎路，留太多遺憾，孩子在未來的人生道路上也定會受益無窮。

Part 2 實踐篇 陪孩子走過生命中最重要的前三年

第5章 0～5個月，手把手帶你在家蒙特梭利

第6章 5～12個月，手把手帶你在家蒙特梭利

第7章 12～36個月，手把手帶你在家蒙特梭利

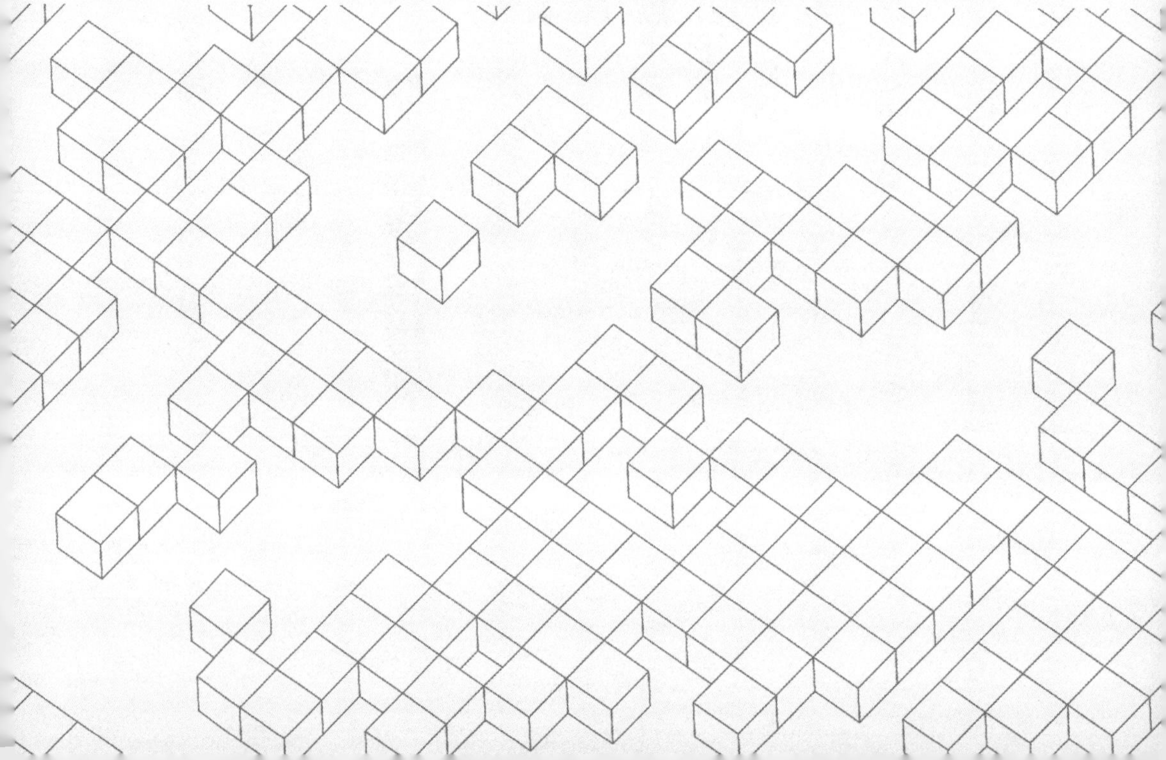

Part 1

理念篇

帶你修練成孩子的育兒專家

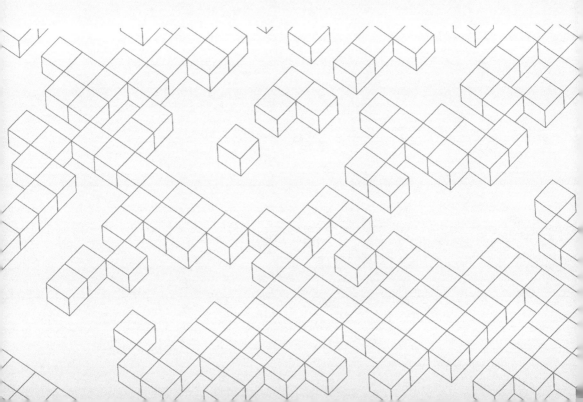

第1章

蒙氏媽媽觀點：適應未來的個性化家庭教育

女兒的爸爸在德國個體化醫療中心工作多年，從他和他同事那裡我瞭解到，個體化醫療將是未來一大趨勢。由於基因檢測技術的逐步成熟，在不久的將來，每個人在醫院都會有一份基因檔案，同一種病，一千個人或許就有一千種治療方案。

作為一名國際教育工作者，我認為個性化教育也將是未來的一大趨勢，每個孩子都應該享有個性化的啟蒙教育。然而眼下，主流的教育模式還是以成人為主導的傳統教育，因為這樣的教育能最大程度地節省教育成本，易於操作和推廣。我不知道個性化的學校教育何時才能全面實現，即使在歐洲，也還有很長的路要走。不過，對於大部分時間都待在家裡的嬰幼兒來說，在他們生命中最重要的這前三年，實現個性化的家庭教育並非遙不可及。

在本書中，我們從家庭觀察和環境設計兩大方面入手，引導父母在日積月累的觀察中瞭解孩子獨一無二的發展節奏和個性特質，為孩子量身訂製適宜其發展的蒙氏家庭環境。說起蒙特梭利教育，如果當時聽從蒙特梭利博士本人的建議，不以她的名字命名，我想這套教育法更應該被稱作「個性化教育法」，而我們所分享的，就是「個性化家庭方案」。

每個孩子都有獨一無二的發展節奏

每個孩子都有自己的發展密碼，隨著月齡的增加，差異性會越來越大。有的嬰幼兒大動作發展明顯較快，而語言發展則稍顯滯後，有的則相反。他們或許在某一個階段進步明顯，又在下一個階段發展緩慢，因此爸爸媽媽們不需要過分緊張、焦慮，更不要拿自己的孩子和別人家孩子比較，這些都是毫無意義的。我們要做的是藉由科學觀察，加之環境輔助，幫助孩子跟隨自己的節奏去發展。如果實在不知道該怎麼辦，那就什麼也不要做，靜待花開，因為錯誤的安排和過度的干預都是對成長的阻礙。

蒙媽日記

當女兒從7個月大開始匍匐爬行，一直到10個月還沒能腹部離地爬行時，家裡人都比較著急。我在一旁給她示範，她無動於衷。老人家乾脆直接用雙手扶起她的腰，女兒很不情願地抗拒。當她開始抗拒的時候，我意識到自己的教養方式沒有跟隨她的發展節奏，而是在為她落後於平均發展速度而焦慮。

在孩子小月齡階段，為一點點落後而著急，這是一般父母常犯的錯誤，我也不例外。但是因為有先前的知識和心態準備，我能立刻調整自己，接納孩子的發展節奏，並且多帶她到同齡孩子的集體環境中觀察，很快，她便透過模仿開始腹部離地爬行了。

我們的女兒，小名叫蔓蔓，不僅因為她在葡萄藤蔓下出生，更因初為人父母的我們要修練一門功課，那就是慢下來，跟隨孩子的節奏，讓孩子慢慢來。我們要做的就是認識和接納眼前這個獨一無二的小生命，放下自己的功利心。

每個孩子都有獨一無二的個性氣質

孩子擁有獨一無二的發展節奏，更有千差萬別的個性氣質，而很多父母缺乏對多樣個性的瞭解和接納。

關於個性差異的研究非常多。我認為最具代表性的研究是由美國兒童心理學家及精神病學家亞歷山大．湯瑪斯（Alexander Thomas）和斯泰拉．切斯（Stella Chess）所做的那項著名的紐約縱向研究（New York Longirudinal Study，簡稱NYLS）。這項研究藉由追蹤一百三十三名嬰兒直到他們成人，發現大約三分之二的孩子可以歸為三類之中：難養型、易養型和慢熱型。

在另一項研究中，安妮耶．羅滕伯格（Annye Rothenberg）、桑德拉．希契科克（Sandra L. Hitchcock）等人詳細研究了嬰幼兒在多個層面的不同表現差異，他們將其分成兩個極端的類型，參見下頁表格。在每項對比指標中，每個孩子的表現都是介於這兩個極端類型之間的。將所有指標的描述整合起來，我們便會對孩子的個性客觀地瞭解一二。

難養型寶寶

如果你家孩子在很多維度上的表現都接近於第一種的話，那他很可能屬於難養型寶寶，也就是我們常說的高需求寶寶。羅切斯特大學的心理學家阿諾德．薩摩羅夫（Arnold J. Sameroff）發現，在30個月大時對幼兒進行智力測試，其中得分最低的，很可能是在4個月大時表現出難養型個性特徵的寶寶。這很

活躍水準	●非常好動：坐在餐椅上不停地扭動，連睡覺都不安分 ●不太愛動：安靜地待在初始的地方，安靜地坐在餐椅裡，安靜地睡覺
節律性	●不規律：生活作息每天都在改變，父母無法預估他什麼時候餓了，或者什麼時候睏了 ●很規律：生活作息每天保持一致，幾乎都在固定的時間吃飯和睡覺
趨避性	●在新的環境中，緊緊地待在父母身邊，謹慎地觀察周遭，拒絕吃不熟悉的食物 ●在新的環境中，愉快地玩耍和探索，很容易接受不熟悉的食物
適應性	●白天睡覺很難從兩覺併成一覺。在接納一個人之前需要反覆長久地跟他互動 ●白天睡覺很容易從兩覺併成一覺。非常容易接納一個人
敏感性	●睡眠很輕，容易被吵醒。對新接觸的食物有強烈的抵抗情緒 ●睡眠很沉，不容易被吵醒。能接受大部分食物，即使不是他喜歡的
情緒表現	●醒來以後又哭又鬧，不開心。以消極的態度應對每天的日常活動，比如吃飯、睡覺、洗澡等 ●醒來以後微笑，心情愉悅，以積極的態度應對每天的日常活動
反應強度	●玩耍的時候總是摔打玩具，說話聲音很大。傷心的時候大聲地哭鬧，高興的時候大聲地笑 ●安靜地玩耍，輕巧地擺弄玩具，習慣性地觀察周圍環境。傷心的時候小聲地抽泣，高興的時候微微一笑
專注度	●對於不讓玩的物品，一次又一次地爭取，不達目的誓不甘休。玩耍的時候很難被外界打擾 ●很容易放棄不讓玩的物品轉而將注意力投放到別的事情上。玩耍的時候很容易被電話聲或者身邊走過的人干擾
堅持度	●一次又一次地努力嘗試得到一件不容易得到的玩具，或者嘗試做不容易做到的事情。花很長時間玩一件玩具 ●很容易放棄爭取，玩耍過程中，注意力很容易從一件玩具轉移到另一件玩具上

容易理解，很多高需求寶寶的父母在最關鍵的養育黃金期被他們的高需求折騰得沒有耐心、備受挫折、疲憊不堪，也就不可能有精力為他們提供豐富的互動刺激了。這樣的親子關係和教養方式如果持續下去，孩子很容易在未來出現行為適應上的問題。

教育觀察

我曾經密切跟蹤觀察過一位德國空姐媽媽的孩子，她的女兒比我家女兒大三個月。由於兩個孩子一起長大，我對比了兩個孩子1歲半以前的各種顯著差異，發現這位德國小姊姊是比較典型的高需求寶寶，而且也深刻瞭解了高需求寶寶的父母有多麼不容易。

由於小姊姊不抱著就會一直鬧，空姐媽媽不得不大半天裡不管是做飯還是做家務都得抱著她；由於小姊姊在哪裡都會弄出很大動靜，不停地探索新鮮事物，空姐媽媽不得不高頻率地帶她出去玩，帶她去體育館。在家時，空姐媽媽會利用小姊姊短暫的睡前時光進行一些安靜的親子活動。比如，小姊姊22個月左右時開始對漢字有了濃厚的興趣，空姐媽媽就給她做了好多漢字卡，每晚和她做識字遊戲。每次識字的時候，小姊姊都表現出少見的專注和堅持。在空姐媽媽的支持和引導下，小姊姊2歲時已經認識幾百個漢字了。空姐媽媽告訴我：「高需求寶寶就像一個填不滿的杯子，你要一直不停地填啊填，突然有一天，你發現她滿了。」

正是因為空姐媽媽一直以極度的耐心和智慧去接納眼前的孩子，現在2歲多的小姊姊熱情、活躍、自信、獨立，同時心智比同齡孩子更成熟，同理心很強。有一次空姐媽媽發燒，難受地告訴女兒，她不想再母乳餵養了。一向深度依賴母乳、對自己想要的東西會堅持不懈去爭取的小姊姊竟然自此就再也不去掀起媽媽的衣服了。她就這麼斷奶了！

我們要透過日復一日的長期觀察，深入瞭解寶寶的個性，僅僅是意識到自己的孩子是天生的高需求寶寶，也能大大減少父母的焦慮、內疚和失控感。同時我們還要積極調整方向，摸索與孩子的個性相匹配的教養方式。高需求寶寶不僅需要父母給他最大程度的接納和包容，還需要父母不斷提升自己的教養能力，為高需求寶寶提供科學豐富的教養環境，滿足他們對愛和新鮮體驗的極高需求。

可以這樣做

我給難養型寶寶父母的建議是：

1. 多帶孩子去戶外，讓他們多參與消耗體力的活動，幫助他們消耗旺盛的精力。
2. 利用孩子短暫的安靜時光，引導他們專注於做一件他們感興趣的安靜活動，讓他們慢慢體會專注的美好。
3. 讓孩子的日常生活盡量規律、穩定，不要有太大的環境和人事變化。
4. 任何行動前都要提前告知孩子，減輕孩子激烈的對抗反應。

如果父母能以如此高的標準要求自己，未來也自然會獲得高回報，那就是擁有一個像那位德國小姊姊一樣精力充沛、堅持不懈、內心敏感細膩、自信溫暖的孩子。

需要注意的一點是，真正的高需求寶寶是天生的，但是如果我們沒有提前學習和準備，再由不懂科學養育的老人家或者月嫂、保姆代為養育，即便我們的寶寶不是天生的高需求寶寶，也很容易被人為「培養」成餵養和睡眠方面都極其困難的「後天高需求寶寶」。

慢熱型寶寶

引發研究者興趣的還有另一種寶寶，就是介於難養型和易養型之間的慢熱型寶寶。

慢熱型寶寶就是我們常說的害羞寶寶或者內向寶寶。這類孩子可能特別容易受到驚嚇，在集體環境中會感到焦慮不安，進入新環境需要很長時間才能放得開，等等。

內向並不是缺點，我們不要因為孩子有類似的表現而困惑、焦慮，甚至排斥或者強迫自己的孩子。如果總想改變孩子，試圖把他塑造成你期待的樣子，那他在未來很容易會出現性格偏差，比如極其內向、害羞、不合群，或出現嚴重的社交障礙等，這才是我們真正需要擔憂的。

教育觀察

我們的女兒個性接近慢熱型，在2歲之前，每次帶她去體育館看到那麼多活蹦亂跳的小孩，她都會黏在我身邊不肯離開半步，我要使出渾身解數來引導她嘗試每一種新的體育活動。周圍的德國孩子很少有像她這麼安靜、被動的，但是我從來不會強迫她、埋怨她，只是慢慢地用她能接受的方式引導她逐漸適應新環境和新挑戰。

女兒進入德國蒙特梭利1～3歲班級時，不會說一句德語的她，竟然出乎我意料地迅速適應了環境。老師們一致反映她是一個安靜的女孩，專注力極強。即使周圍的孩子都「瘋」了起來，她也能絲毫不受影響地完成眼前的工作，並將教具收拾好放回原位。在老師的鼓勵下，她在集體中也逐漸能夠放得開，並開始進行更多的合作遊戲了。

內向的孩子擁有很多難得的優點，比如他們特別能坐得住、學習很專注、有創造力、細心謹慎、比較不會做錯事。如果將內向特質的優勢發揮出來，那他們往往能成長為優秀的科學家、律師、藝術家、教育家等。

其實內向個性在華人傳統文化中並沒有適應困難，內向的氣質與同伴接受度、領導能力和學習成績呈正相關。而如今受西方價值觀的影響，大家又極其注重那些看似容易導向成功的個性品質，父母和老師對內向個性特質的態度出現了轉變，使內向的個性在一定程度上成了發展的阻礙。而且遺傳因素對這類個性的形成有一定影響，父母的教養方式更是會決定孩子的個性氣質是否將持續甚至加強。

因此，我們要為內向的孩子提供與其相匹配的家庭教養環境，多鼓勵、引導他們勇敢地探索、發現，多提供他們正面積極的社交經驗，避免讓他們在未來出現可能的適應困難。

可以這樣做

我給慢熱型寶寶父母的建議是：

1. 給予孩子適量的新鮮刺激，幫助他們逐漸克服恐懼，掌握有效的社交技能。如果一味地保護，或是刺激過多，都會引起孩子在未來出現社交恐懼。
2. 每到一個陌生環境，都要給孩子足夠的適應時間，等他們放鬆下來，逐步地引導他們參與，等他們沉浸其中後，再逐漸退出，但是不要走遠，停留在近旁，讓他們在回頭的時候能看到你。

有的父母不接納孩子身上的某些特質，往往是因為這些特質跟自己或是配偶身上某些不被接納的部分很像。孩子有讓我們失望的個性表現，也有讓我們驚喜的個性表現，作為普通的父母，存在喜好沒什麼對錯，但是為了讓孩子能夠真實地面對和接納自己，真正做到自信自愛、揚長避短，我們就要學會從內心接納並欣賞孩子的一切。

不論是高需求寶寶、內向的慢熱型寶寶，還是我們未曾提及的具有其他不符合父母期望的某些個性氣質的孩子，我們討論這些的目的不是給孩子貼標籤，限制他們未來個性改變的可能性。要知道，在同一類個性群體中，每個孩子都會呈現出不一樣的氣質。比如內向寶寶不一定符合內向人群的所有表現，他們可能是善談的，也可能是寡言的。

我們介紹多樣的個性氣質是為了幫助一些迷茫中的父母少走彎路，瞭解世界上有很多孩子也擁有和自己的孩子相類似的個性，任何個性都有自身的優勢和缺點，孩子屬於何種個性完全不能預測他們未來的表現和成就。這樣一來，父母可能會更有信心去接納孩子的與眾不同，透過觀察和設計，為他們準備好與其相匹配的個性化家庭教育方案，只有這樣，才能讓每個孩子都揚長避短，在崇尚個性化的未來世界走出獨一無二的幸福之路。

家庭觀察幫助我們獨立自信地瞭解孩子

觀察記錄女兒發展變化的三年中，我還深入到多個家庭進行跟蹤觀察。我深深地意識到，當代父母如此好學，卻又迷失在紛繁複雜、不成系統的育兒資訊中，到頭來竟沒有精力關注育兒的當下，回歸最簡單的育兒哲學：觀察。

很多朋友給我冠以「專家」的名號，時不時拋來一堆育兒問題讓我解答。在很多父母眼裡，似乎一兩句話就能解決所有的教養難題。

人是何其複雜的生物，嬰幼兒的複雜程度尤甚，我們終其一生都無法真正瞭解他們到底在想什麼，只能努力去解讀。世上不存在完全一樣的孩子，同一種教養方式應用在不同的孩子身上，效果可能完全不同。即便是「閱兒無數」的教育專家，也比不上你日積月累的觀察、陪伴所達到的對孩子的瞭解程度。每個孩子都獨一無二，每個家庭都千差萬別，不少專家容易犯經驗主義錯誤，武斷地得出結論，而家長們往往會盲目跟隨。

於是每當有人向我拋來育兒難題時，即使我第一時間會生出很多主觀的分析和判斷，也要盡量咽回肚裡，反問他：「你覺得為什麼呢？你覺得怎麼辦好呢？」隨著觀察和思考的積累，我發現很多父母總能自己找到解決方法。這兩句反問推動父母開始主動探索育兒之路，推動父母自己去觀察、分析和改進，效果要比所謂的「專家建議」好得多。

教育觀察

有一次在社群裡，同時有三位媽媽問我同樣的問題：「我家孩子打人怎麼辦？」「打人」這個行為背後可能有一百種解釋，但是只有在我瞭解了這個孩子的成長細節、家庭背景以及打人的前因後果之後，才有可能找到最接近真相的原因，即使找不到原因，也能找到有效的應對方法。

我翻閱了這三位媽媽近期在社群發布的各種分享和問題，尤其是她們的家庭觀察手記，才猜想到：其中一個孩子可能是由於剛剛入托，在模仿班裡其他孩子的行為，這種情況要淡化處理，轉移孩子的注意力；另一個孩子是透過拍打來跟人打招呼，是語言能力跟不上社交發展程度造成的，這種情況則要向他示範如何用正確的方式和人互動；最後一個孩子則是處在「自我認可期」，不高興了就打人，這種情況就要明確劃定界限，引導孩子用別人可以接受的方式發洩情緒。

而這一切也只是我的猜想，真正能夠幫助父母的，也只有他們自己了。

我們需要最基本的科學育兒理念，而這些內容並不需要父母花那麼多時間去學習。很多父母捨本逐末，看了很多書、聽了很多課，卻依然一頭霧水，糾結在這些旁枝末節之中，錯過了太多寶貴的時光。孩子在0～3歲的每一天、每一刻都是教育的黃金期。當我們自學成為育兒專家的時候，孩子已經長大，我們已有的知識也不再管用了，到那時又要面對更加多變、複雜的育兒問題，你會發現自己永遠處於焦慮的追趕式學習當中。

蒙媽說

「在家實踐蒙氏教育的父母並不需要深入鑽研太多知識，
最核心的是堅持不懈地去觀察自己的孩子，
將那些已知的、看似簡單的理念應用於當下，
你必然會成為孩子最權威的育兒專家，擁有絕對的育兒自信。」

很多父母會問：那什麼才是最基本的科學育兒理念呢？蒙特梭利教育理念嗎？的確，有很多人質疑，蒙特梭利教育理念是一百年前創造的，是不是早已不適用於當今時代了？我也一直帶著這個疑問學習和工作，直到完成三年的全職育兒觀察實踐。

在法國學習、工作的幾年中，讓我受益最大的就是這些質疑和批判。我自覺始終是以這種客觀的角度看待我所研究的蒙氏哲學，同時也在不斷比較歐洲其他流派的教育理念。在三年日積月累的觀察中，我清空了先前所有先入為主的觀念，僅僅就是專注、持續地觀察眼前的孩子，慢慢地，我也發現了很多「童年的祕密」[1]，而這些發現竟然與蒙特梭利博士一百年前的發現不謀而合。於是在我心中，這位老奶奶降下了「神壇」，原來她是做好了觀察這門功課，再加上廣博的生物醫學背景，才創設出流傳百年、在世界各地「開花結果」的蒙特梭利教育。由於這種教育法是完全基於對兒童的觀察而設計的，因此它不僅不過時，而且尤其適應未來世界的個性化教育。

時至今日，神經生物學和發展心理學領域都有了很多突破性進展，驗證了蒙特梭利博士透過觀察提出的很多教育理念。然而即便如此，現代科學依然不能幫助我們解開兒童大腦的全部奧祕，神經生物學家和兒童心理學家也不得不將觀察作為最常用的研究方法之一。

蒙特梭利博士透過長年班級觀察創設了蒙特梭利教育法；世界公認對兒童心理研究影響最大的瑞士心理學家讓·皮亞傑（Jean Piaget）也是藉由觀察自己的三個孩子，提出了皮亞傑認知發展理論；中國現代兒童心理學和幼稚教育學研究的開創者陳鶴琴對他的長子陳一鳴進行了八百零八天的跟蹤觀察，以此為基礎發表了中國最早的兒童心理學著作《兒童心理之研究》；進化論的奠基人達爾文也是堅持觀察記錄兒子的成長並將其發表；精神病學家勒內．施皮茨（Rene Spitz）透過觀察、記錄嬰幼兒影片推動了棄嬰收容所、兒童醫院的種種變革……

作為普通的父母，即使沒有廣博的學術背景和專業的觀察訓練，僅是隨機但持續的觀察，就能夠幫助我們超越育兒書本和專家，獨立自信地解決大部分教養難題。

這就是為什麼我將觀察列為本書最重要的一部分。在閱讀過程中，你會發現書中每個部分都需要以觀察記錄做基礎，沒有觀察，一切實踐都是以成人為中心的臆想。比如，我們要透過觀察新生兒的不同哭聲，才能摸索出他睡眠和吃奶的節奏；我們只有透過觀察，才能瞭解一個學步兒看似毫無頭緒的忙碌和堅持，其背後真實的願望和目的。

那麼這裡肯定有父母會問：如何觀察？

這個問題的確值得一答。觀察本來很容易做到，但在今天這個時代，也成了一個需要學習的課題。現代人的生活節奏過快，很多人已經失去了觀察和反思的能力。

1 《童年的祕密》是瑪麗亞．蒙特梭利的經典原著之一。

可以這樣做

在這裡我給出兩條關於觀察的建議：

1. 觀察之時，當然要放下手機、關掉電視，暫時忘卻自己滿腦子的雜念和煩惱，專注於眼前，從全新的角度去認識眼前這個孩子。
2. 家庭觀察的核心不是記錄，而是全身心陪伴。家庭觀察並不如大家想像的那樣，像專業人士一樣拿著紙、筆在一旁紋絲不動地看和記。家庭觀察的自由度很大。如果孩子要和你一起玩，那就全身心和他互動，這也是觀察的一種方法。當孩子感受到了你全身心的陪伴，你就會有越來越多的時間旁觀。如果發現特別需要記錄的地方，也只需簡單寫下關鍵字，過後再完善、補充。

從大動作、精細動作、語言、認知和社交五大方面密切跟蹤觀察女兒三年，我將這些觀察記錄在本書中悉數與大家分享。第二部分的實踐篇便以這些私家觀察記錄開始。這些觀察筆記可以為大家提供觀察的切入點，慢慢地，你就不會局限於我的觀察視角，也許會更加深入、敏銳地發現孩子的更多發展細節，也會對如何在日常生活中陪伴和教育孩子產生更獨到的啟發。

除了觀察自己的孩子，我也定期在女兒所在的蒙特梭利班級觀察與她同班的其他孩子的發展情況，還進入到五個歐洲家庭跟蹤觀察累計超過二百五十個小時。由於女兒的大動作發展比較滯後，語言、認知兩方面的發展又比較快，因而呈現在書中的觀察筆記，是我在女兒發展記錄的基礎上，又進行了更接近於平均發展狀態的整合和調整之後的結果，方便大家參考。

分享觀察記錄的目的不是讓家長給孩子的發展做驗收，家長不能藉由按月逐條比較的方法找出孩子的發展是超前還是落後，尤其是隨著月齡的增大，孩子的發展差異會越來越大，可比性也越來越小。

蒙媽說

「父母要時刻謹記，每個孩子都有獨一無二的成長祕密，尊重孩子的發展節奏，比別的孩子慢了不要焦慮，快了也無須給孩子太多的讚揚。」

如果孩子出現了長期明顯的發展滯後，請找專業人士評估。在成長的前三年，大部分孩子身邊沒有專業人士參與觀察、評估他們的發展狀況，這就使得父母的責任尤其重大。父母只有用心觀察和瞭解，才能及時發現問題，尋找專業人士給予孩子及時有效的幫助。

觀察的時候，父母不需要按照大動作、精細動作、語言、認知、社交這五大方面分門別類，因為每個類別都是相互影響的，很多表現難以確切地歸於某一類別之中。

為了幫助大多數對嬰幼兒發展瞭解不多的父母做到更有目的性的觀察，我們以自己的家庭觀察記錄為藍本，參考國際蒙特梭利協會的心理動作發展圖，繪製了一張0～3歲蒙特梭利家庭方案圖，附在本書最後。父母可以借助這張圖來設計觀察環境，透過觀察手記來記錄孩子的成長變化。相信很多父母都能從這種有準備的觀察中受益。在做觀察手記的同時，你會逐漸發現，在進行到一定階段時，你自然會生發出更多的自我觀察，這對教養能力的提升至關重要。如果有餘力，也可以將這些內容記錄在手記中，我在書中也會不時與大家分享自己的家庭觀察日記。

設計一個對孩子友好的個性化蒙氏家庭環境

在第三章，我們將瞭解到，最前沿的科學研究已經證實，環境對嬰幼兒發展具有重大意義。在歐洲，大多數孩子3歲以前的相當長時間是在托育機構度過的，而傳統華人家庭0～3歲的孩子，大部分時間都待在家裡，因此家庭環境對華人嬰幼兒來說尤為重要。這就是為什麼繼觀察之後，我們的另一大重點就是環境設計。

在觀察的時候，我們常常發現，房間中的一些設計阻礙了孩子的探索和發展，因為這個房間是以成人的角度來設置的。

蒙媽說

「在家實踐蒙氏教育的一大祕訣就是觀察孩子、排除阻礙孩子發展的障礙、引導孩子進入新環境，再觀察、再排除、再引導，循環往復。」

這個祕訣是蒙特梭利教育專業教師的工作要領，而它也能夠幫助父母深刻意識到周圍環境對孩子發展的重要性，並逐漸明白應該何時介入、何時退出，幫助父母不再自以為是地打斷孩子的自發探索，不再主觀臆斷孩子的需求和想法，不再以愛的名義阻礙孩子獨立發展的道路，幫助父母給予孩子更專業、更高品質的陪伴。

教育觀察

有一次在朋友家做客，看到她剛滿4個月的寶寶正在憋足了勁兒翻身，一直翻不成功，於是就開始哭泣，這位媽媽迫不及待地想要伸手幫助。

我建議她停下一秒，先觀察是不是有什麼障礙需要移除。這位媽媽發現可能是床太軟了，於是我建議她在地上放一塊小毯子，將孩子放到上面。到了地上的小寶寶不一會兒又開始翻身，雖然有點進步，但還是未能成功。於是我建議她給寶寶脫了毛衣和連腳褲。光著腿的小寶寶歡快地蹬著腿，還沒等我們反應過來，就一下子翻過身去了。

這個寶寶翻身遇到困難的原因明顯是環境阻礙了他的發展。如果我們觀察後發現環境中沒有阻礙，再觀察他是在專注地努力還是在絕望地哭泣。如果是後者，我們就給他提供最小的幫助，用手輕輕支撐孩子的臀部輔助他一下；如果是前者，我們就靜靜地等待，不論他最終是否翻身成功，都要給予孩子嘗試的機會。

如果沒有科學觀察和環境設計的意識，我們可能會心疼得伸手去幫孩子一把，讓他輕鬆地翻身成功。那麼鬆軟的床墊或者厚重的衣服就會一直在那裡，而且孩子會習慣於在每次努力的時候，總等著一隻有力的大手來幫他一把，自主的意願就這樣在日復一日的陪伴中消磨掉了，孩子從此會依賴上父母，更談不上自信和獨立。蒙特梭利博士在《家庭與孩子》一書中寫道：

> 孩子在不受大人的介入干擾，自己完成一件事以後的那種驕傲、高興的表情，就是在向我們宣告他自我挖掘豐富內在潛能的需要。我們應該引導孩子，創造機會讓孩子發展潛能，而不應阻礙他的活動。

理想情況下，可以從出生起就給孩子一個獨立的房間。如果條件不允許，也可以開闢出房間的一部分專屬於孩子。我見過一些即使住在擁擠狹小的房子裡，也照樣給孩子布置出適宜發展的環境的父母，關鍵在於是否用心。

嬰幼兒的房間，我們要分成四大區域：睡眠區、餵養區或進餐區、護理區以及活動區。如果條件不允許，我們也可以將四大區域分布在不同的房間，比如睡眠區在父母臥室，活動區在客廳，護理區在洗手間，進餐區在餐廳。

在第二部分，我們會從每個區域來逐一解釋設計背後的原因。

房間布局有了明確的區域劃分，也有利於父母在照顧孩子的過程中形成固定的流程。孩子天生喜歡秩序感，四大區域的設置滿足了孩子對秩序感的強烈需求。這一切也有助於孩子安全感的建立。

等到孩子到處爬行甚至開始走路的時候，他的活動地盤會遠遠超出我們設置的區域範圍，尤其是在孩子能獨立行走之後，我們就要考慮怎樣將整個房間設計得適應學步兒的生活了。

隨著孩子的成長，整個房間的環境大多數情況下難以處於完美的狀態，我們不需要為此擔憂，關注孩子的當下和他當下所處的環境，掃除此時此刻阻礙孩子活動和發展的障礙，孩子就會在當下受益。不要因疲於維護環境而忽視了觀察，忽視了孩子當下的需求。每當看到孩子的一個需求，就馬上準備起來，不要總是試圖準備得毫無瑕疵之後才讓孩子去享用。

所以，這個環境一定是一直在準備、變化和完善的過程中的，可能有時會有退步，不要擔心，這就是育兒的日常。總有一天你會發現，自己的堅持使全家有了驚人的變化，孩子開始自覺地維護環境，家人也開始積極地配合。

第二部分的幾張私家設計圖，雖然每張圖都標注了具體的月齡階段，但是真正到了實踐中，仍要依據孩子的個體發展情況來調整、變化。從第一張過渡到第二張的信號是孩子開始添加副食品並能夠倚靠著坐立；從第二張過渡到第三張的信號是副食品添加的地點轉移到餐廳，以及孩子能夠獨立站立和扶著走路；從第三張過渡到第四張的信號是孩子可以獨立走路。

可以這樣做

我們的設計原則如下：

1. 最理想的情況是在生產之前，就預估到孩子未來三年的成長需求，將房間的基本架構設計好，這樣就省去了頻繁裝修和購置新傢俱的麻煩。
2. 在孩子的成長過程中，房間設計要盡量保持整體的穩定不變，尤其是睡眠區，但是隨著孩子的成長，要做相應的漸進式微調。每次改變最好和孩子一起行動，且每次只改變一點。
3. 我們要考慮到怎樣保證孩子的安全，同時鼓勵孩子自由和獨立。
4. 不能光想著孩子的需求，父母的需求也同樣重要。
5. 要節約，考慮到很多物品可以重複利用的情況，比如用於餵養的哺乳沙發在孩子斷奶後可變成親子閱讀的沙發，活動區的鏡子可改作更衣鏡，沙發腳凳可同時用於輔助站立和添加副食品時媽媽的座椅，換洗台可改作衣櫃，等等。

除了有準備的環境，更重要的是有準備的心態。這就是為什麼在講完四大區域的環境設計之後，我們又花了很大篇幅詳解各個月齡階段孩子的精神世界，告訴父母在不同的階段，孩子會遇到怎樣的心理危機，以及父母的應對方法和態度。

也許環境準備很容易入手，但是心態準備則需要父母做出更大的努力。我們每個人都帶著各自的成長經驗，而這一切都很容易在無意識中變成你育兒方式的一部分，如果想改變，就需要不斷地思考和反省。當有了持續進步的狀態，我們就有了一個好的開始。

在女兒出生之前，我們夫妻自以為做好了相當充足的準備，但依然在後來的日子裡遇到了各種各樣的問題。難以想像，沒有準備好的心態和環境，父母要面臨多麼大的養育壓力。邊學邊養是遠遠不夠的，我們的準備速度絕對趕不上孩子的成長速度。

因此，我們在養育女兒的同時，總結了這些年的思考和經驗，希望將這一切藉由一張張設計圖紙分享給更多的新手爸媽，幫助你們在孩子生命中最關鍵的前三年，提前做好有準備的應對，讓我們一起來創設一個對孩子友好的環境，讓他們在愛的包圍中能感受到被尊重、被信任，以此建立一個良性的親子互動模式。只有這樣，在未來的育兒之路上，我們才會走得越來越輕鬆。

第2章

蒙氏媽媽在法國：自信放手的育兒智慧

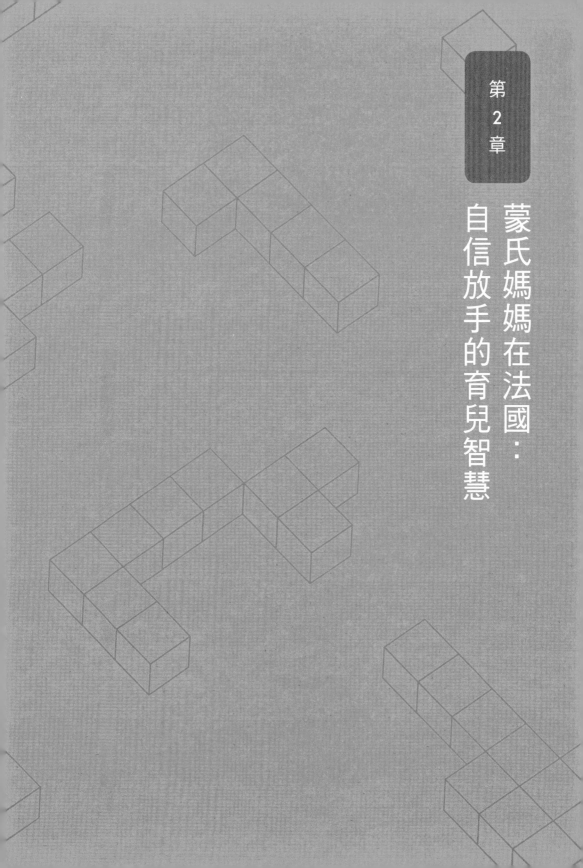

很多人以為，能在家安排許多蒙特梭利小活動的媽媽才能稱作「蒙氏媽媽」。但在我看來，「蒙特梭利」這個詞代表的不是一種表面上的方法論，它代表的其實是一種敏銳、理性的教養風格和獨立、自信的個性氣質。

在華人世界，當媽媽已經變成一件越來越辛苦的事情了。在與中國媽媽交流的過程中，我無時無刻不感受到她們滿滿的焦慮和疲憊。中國媽媽很努力，但她們的付出與回報常常不成正比。從我的觀察來看，這不僅是社會環境造成的，更多是因為媽媽們在錯誤的方向上用力過猛。

法式育兒奇蹟

在德法兩國生活多年，我有幸看到了很多風格迥異的媽媽，她們輕鬆自信、獨立快樂地帶著一個、兩個、三個、四個甚至五個娃。尤其在法國，這些媽媽還能同時擁有高品質的夫妻關係和事業追求。法國媽媽享受育兒過程，因此在發達國家中，法國是少有的生育率保持高速增長的國家之一。

我見過的大多數法國媽媽都有著非同一般的育兒自信，她們很少聚在一起比較各種育兒理念或者育兒產品，而讓人不可思議的是，這些媽媽養育的孩子，儘管個性各不相同，卻都是我眼中發展良好的兒童，不僅沒有行為教養問題，還呈現出一種獨立自信、專注平和的氣質，是我矢志培養的蒙氏兒童。而且，我不能將此歸功於自己所在的蒙特梭利學校的教育，因為不僅這些學校的孩子如此，我認識的法國朋友家裡的孩子如此，在法國各種場合觀察到的中等以上經濟水準家庭的孩子都是如此。

法國媽媽並未給自己冠以蒙氏媽媽的名號，她們只憑著常識和直覺，就培養出了真正的蒙氏寶寶。作為蒙特梭利教師，我認為這是法國育兒奇蹟之一。

法國媽媽為何不用發奮學習育兒方法，還能在帶娃的同時優雅地喝著咖啡、塗著指甲油，順便升職加薪？我發現她們有著驚人一致的育兒風格，而這種風格也是沿襲了上一代的傳統育兒風格。這並非是她們受過什麼相關的教育，而是耳濡目染而來。

那麼所謂的法式育兒共識到底有什麼超凡之處，能讓法國人代代相傳？我在學習蒙特梭利教育的同時，也深入探索了法式傳統育兒理念，驚喜地發現，原來大多數法國的社會育兒共識與蒙氏理念的精髓不謀而合，而法國媽媽極富智慧地將這些共識有效地應用到了育兒的日常生活中。

尊重孩子的發展節奏

除了在孩子6歲將進入學前班前，法國媽媽們會突然開始神經質地集體關注孩子的法語書寫和閱讀能力外，她們大多數時候都能輕鬆面對孩子心智發育得過早、過晚、過快、過慢以及長得過高、過矮、過胖、過瘦等問題。在孩子稍顯落後的情況下，她們覺得根本無所謂：每個孩子都不一樣啊，他有他的節奏。沒錯，她們的確很喜歡用「節奏」這個詞來應付我們眼中的育兒焦慮。如果再繼續深入瞭解下去，就會發現她們是真正從心底尊重孩子的媽媽，從不比較，凡事習慣徵求孩子的意見。法國人的社交界限很清晰，在家庭內部也是如此。

蒙特梭利教育主張的尊重孩子、尊重孩子的發展節奏，在法國不是一個空洞的理念，而是一種社會育兒共識。

教育觀察

我曾經很多次在法國朋友家中觀察孩子的用餐情形，發現法國媽媽所做的與我們在蒙氏學校堅持要求的幾乎一樣。

法國媽媽總是用相同的方式對待客人和孩子：開胃菜上來後，由孩子自己決定盛多少到自己的盤子裡，等所有人都吃完前餐，才開始上主菜，孩子也和大人一樣耐心等待，同樣，孩子仍然是自己選擇吃什麼、吃多少，媽媽從來不強迫孩子吃更多。

有時候遇到沒吃過的新食物，孩子會本能地抗拒，這時媽媽會很認真地跟他說：「你有權利拒絕吃某種食物，但是必須在你嚐過味道之後。」在媽媽溫柔的堅持下，孩子通常會抿一小口，如果真的不想吃，媽媽就不再要求孩子繼續吃。

到飯後吃甜點的環節，大多數時候孩子可以選擇乳酪、優酪乳或者水果。有客人在的時候，或者逢年過節，孩子也能分到一塊巧克力蛋糕。

法國媽媽能做到尊重孩子的胃口，這是法國孩子有良好的飲食習慣、法國成人能保持良好身材的祕訣之一。

觀察的智慧

法國媽媽懂得育兒的觀察之道，這極其難得，觀察幾乎就是蒙氏教育哲學中最核心的部分。

蒙媽日記

半個月前，一位法國好友馬蒂娜來看望我剛出生不久的女兒，正與她聊天時，女兒突然大哭。我以火箭般的速度衝進房間抱起她就要餵奶。馬蒂娜在一旁搖搖頭說我太緊張了。

孩子也沒吃幾口奶，就睡覺了，不一會兒又醒來。馬蒂娜在一旁指導著，讓我不要立即抱起孩子，而是問她需要什麼。孩子持續地哭，雖然只有一兩秒，我心裡也十分煎熬，但依舊按照馬蒂娜的方式與她交流完之後再抱起她餵奶。馬蒂娜說：「你很快就會知道這樣做的好處了。」

如今半個月過去了，我也終於體會到了「好處」。女兒醒來後的哭泣不再那麼歇斯底里了，也可以耐心等待餵奶或者換尿布了，我和她說話的時候也能平靜下來了。朋友見了我家女兒都讚嘆真是個「天使寶寶」，可我必須感謝馬蒂娜教會我的一切。

馬蒂娜認為，孩子剛出生時，確實需要及時回應他的需求，但更要冷靜地待在孩子身邊觀察一秒，溫柔地和他說話，瞭解他的真實需求，然後再抱起來。美國著名神經醫學專家麗絲．艾略特（Lise Eliot）博士也曾寫道：

研究發現，那些所謂的最體貼、最細心的媽媽，即寶寶哼一聲、打個嗝都立即回應的媽媽，她們精心照顧的孩子表現出的依戀行為的安全度，竟然不如稍有鬆懈的媽媽照顧的寶寶。換言之，孩子對於令人窒息的體貼反應不良，這樣毫不放鬆地照顧會抑制孩子追求自主的衝勁，妨礙孩子發展自我控制情緒的能力。

親密育兒是大多數媽媽的本能，但是少有媽媽能擁有「停頓一秒，觀察一下」的智慧。法國媽媽並未陶醉於氾濫的母愛，她們能夠更加理性地給予孩子自己適應和探索的空間。這就是為什麼法國寶寶普遍能更順利地睡整覺、獨立睡覺、健康飲食、獨立吃飯、獨立如廁等。

法國媽媽在培養孩子健康的睡眠習慣方面非常有一套，因為法國有很多專業研究嬰幼兒睡眠的專家，法國媽媽們在專業的指導下，從孩子出生起就能透過觀察，摸索出孩子的睡眠規律，幫孩子建立「吃、玩、睡」的節奏，孩子不「奶睡」、不夜醒，很早就能睡個囫圇覺。搞定孩子的睡眠，才是法國媽媽輕鬆享受育兒的先決條件。

平衡自由與界限

任何科學的育兒理念，包括蒙特梭利教育理念，都一再強調要給予孩子恰到好處的自由和界限，而如何做好這個平衡，法國媽媽是迄今為止我發現的最好榜樣。孩子們玩耍的時候，她們不會緊緊跟隨，也不會緊張地用言語和動作來「保護」孩子，她們給予了孩子最大限度的信任和自由，但是在關乎到人身安全和禮儀教養的時候，法國媽媽又能冷靜地給孩子劃定明確清晰的界限，一個「不」字，甚至只是一個眼神，就能讓孩子停下來，這就是權威。

教育觀察

在我工作的法國幼稚園，每天放學後孩子們都會在院子裡玩耍，媽媽們則會一邊和我聊天，一邊用餘光掃視著挑戰攀岩的孩子，有時候我心裡都會一揪一揪地擔心，而身旁的媽媽們卻無比淡定，只有當孩子們朝她們叫道「媽媽快看我」的時候，她們才正式回頭微笑著回應孩子，然後繼續和我聊天。

離開學校的時候，精疲力竭的孩子們有時候會鬧情緒不和老師說再見，而這時法國媽媽可一點都不會讓步，無比執拗地堅持到孩子說完「再見」才離開，對她們來說，不說「你好」、「謝謝」、「再見」的孩子沒有教養，讓人無法接受。

獨立自信的身教

在我看來，想成為蒙氏媽媽，除了要有敏銳、理性的育兒風格，更關鍵的是要有獨立、自信的內在，而這也是我欣賞法國媽媽的另一個原因。法國是女性主義的先驅之地，法國女人不僅尊重孩子，也同樣尊重伴侶和自己。家庭關係中沒有誰是中心，她們擅長做共贏和平衡的遊戲。

我認識不少受過高等教育的法國媽媽，她們竟然會在孕期喝一定量的咖啡，甚至經常化妝、穿高跟鞋；她們大多母乳餵養不到半年，很少有超過一年的；她們會為了事業和追求早早將孩子送往托兒所；

她們時不時會把孩子交給育兒保姆幾個小時，只是為了出去逛博物館、會一會朋友或是和丈夫享受一頓燭光晚餐。

怎麼帶娃是她們的隱私和權利，她們非常獨立，甚至有點盲目自信地做決定。更關鍵的是，她們也能坦然地與內疚共處。她們堅信世上沒有完美的父母，沒有完美的媽媽，媽媽不能因為有了孩子，就委屈了自己和丈夫。有時候要讓孩子知道，他不是世界的中心，有時候也要跟著父母的節奏來，這未嘗不是好事。

記得有一次，和一位法國媽媽在家喝咖啡，孩子過來「打擾」，法國媽媽放下咖啡杯認真地告訴孩子：請等等。於是孩子就乖乖地在一旁等待，真的是等了很久。

我頓時明白了長久以來百思不得其解的一些現象：為什麼在多個國家的幼稚園完成觀察工作後，我發現法國的孩子最好「帶」；為什麼法國鮮有「熊孩子」，法國孩子在公眾場合表現得較有節制、有教養。原因就是他們的媽媽都很「酷」。

蒙媽日記

受法國媽媽影響，如果我還沒吃完飯孩子就來找我玩，我會放下筷子認真告訴她：「我很餓，我還沒吃飽，你等一等。」

剛開始孩子不接受，會一直吵，但每次我都會堅持認真地說出我的真實想法，讓女兒試著偶爾理解媽媽，跟隨媽媽的節奏來。漸漸地她就開始明白，自己不是宇宙中心，別人也有自己的感受和需求。

今天身體不舒服，很想休息，我告訴女兒：「今天我很累，想躺床上休息，你自己玩吧。」

她突然來勁了：「媽媽怎麼了？我來照顧你吧！」

之後她馬不停蹄地忙了半個小時，又是給我蓋被子、按摩，又是給我量體溫、冷敷，後來還捧上書給我講故事，講了一本又一本……

我並不是主張大家像法國媽媽一樣在孕期喝咖啡、不努力堅持母乳餵養、讓孩子過早入托、不及時回應孩子的請求。法式育兒奇蹟只是讓我深刻地明白，從孩子一生的維度來講，媽媽的心態比育兒細節對孩子的影響要大得多。如何培養一個獨立、自信的孩子？讓自己成為一個獨立、自信的人，這身教示範要遠遠勝過對孩子謹小慎微的周全照顧。

平衡母親和妻子的角色

以我的觀察來看，法國爸爸倒沒有法國媽媽那麼成熟、理性，而法國媽媽對此也不會習慣性地集體抱怨，她們坦然承認兩性的天生差異，也承認從社會文化和傳統教養方式上來講，男性越來越不擅長育兒的家庭工作。法國媽媽們在夫妻生活中會收起身為媽媽的優越感，為自己能永久保持女性魅力而付出更多的努力。她們認為丈夫很可能沒有照顧嬰兒的天分，沒有像她們一樣的耐心和細膩，所以要給他們學習的時間，給他們更多的機會和鼓勵。而且，要盡量讓他們做擅長的工作，而這個工作的重要部分就是疼愛妻子。

法國有句名言：雖然四十週讓你蛻變成母親，但是這不應該成為剝奪你做女人的權利的理由。

蒙媽日記

在我懷孕之後，很多有經驗的法國媽媽給我的建議不是怎麼育兒，而是如何繼續保持高品質的親密關係。

我和法國同事講到中國孩子是和媽媽一起睡覺的。她們的第一反應是：那爸爸呢？爸爸多可憐！

法國媽媽還提醒我：不論你在孩子身邊睡多久，都要時刻記得回到自己的床上，丈夫在那裡等著你。

我問：「那孩子總往你們床上跑怎麼辦？」

「認真告訴孩子，只有夫妻才能睡一起。」這是她們的共同回答。

陪睡的華人媽媽們自然是無限期地犧牲著夫妻生活，將人生的重心轉移到了孩子身上，世世代代似乎都是這樣。而法國媽媽的如此不同，不得不讓我開始思考，她們的方式是否更適合這個現代社會？如何在各種女性角色中平衡母親和妻子的角色，法國女人的經驗值得我們參考和借鑒。

顛覆還是傳承

為什麼我們不得不將上一輩的育兒理念推倒重來，在汪洋大海裡摸索新的育兒之道，而法國的父母卻只需傳承就好？這一切並非巧合，其背後有著深層的歷史文化原因。

早在十七世紀，以巴黎為中心的啟蒙運動為人類帶來了更加人性化的教育觀。十八世紀的法國教育家盧梭，早於蒙特梭利一個多世紀就已經發現了童年的重大意義。當時的法國政府和學者就已開始重視早期教育，法國在這方面的領先一直保持到現在。

法國的教育風尚也深深影響了早期探索中的蒙特梭利，她深入研究了法國教育家、醫生讓·伊塔爾[2]的理論，進而創立了自己的學說。在法國的教育學課程上，我們曾經以《野孩子》[3]這部電影為線索，深入探討了法國教育理念如何從以成人為中心轉變為以兒童為中心，而蒙特梭利教育則是當時以兒童為中心的主要流派之一。蒙氏理念與法國傳統育兒觀有如此淵源，無怪乎它們有如此多的相似之處。

影響法國父母最深的是育兒教母弗朗索瓦茲·多爾多[4]，她的很多教育主張在我看來是蒙氏理念的法語版，她呼籲成人要以謙卑和誠懇的態度對待孩子，反對在過度保護之下產生有破壞作用的教育方式。多爾多在二十世紀下半葉透過廣播電台真正引導了一代法國父母轉變了教養觀念，有效提升了教養水準。這一代父母便是如今這一代孩子們的祖父母或曾祖父母。

從理念到應用，法國也得益於一代又一代的兒童教育研究者從專業細分領域，比如睡眠、營養、閱讀寫作等，為法國大多數父母普及了高度一致、切實可行的實踐指南。這也是法國媽媽為何講不出蒙氏理念，卻能做得如此到位的重要原因。

2 讓·伊塔爾（Jean Marc Gaspard Itard，1774—1838），法國醫生，出生於法國普羅旺斯。他曾經收養過一位叫作維特的野男孩，這個男孩是被人從森林中找到的。伊塔爾嘗試對他施予教育訓練，雖然最後未能成功，但是對維特日後接受特殊教育有深遠影響。伊塔爾堪稱啟智教育的先驅，並影響了蒙特梭利的教育理念。

3 《野孩子》（The Wild Child）是法國新浪潮導演弗朗索瓦·特呂弗（Francois Truffaut）的代表作之一，講述的就是伊塔爾醫生收養、教導野男孩維特的故事。

4 弗朗索瓦茲·多爾多（Francoise Dolto，1908—1988），出生於巴黎。她是法國家喻戶曉的兒童教育家和兒童精神分析大師，在全世界兒童教育領域有著巨大影響力。她一生致力於兒童教育，幫助父母理解孩子。她在法國廣播電台開設了兒童教育節目，以談話形式深入、系統地解答有關兒童教育的問題。

具有華人特色的蒙氏媽媽

在法國攻讀教育學的時候，我漸漸明白，所有好的育兒理念最終都會殊途同歸。批判哪種教育法有什麼缺點那是教育家的事，父母只需「擇其善者而從之」。

在成為母親之後，我深感時間緊迫，三年轉瞬即逝，必須果斷選擇一條路堅定地走下去，在各種理念中糾結、搖擺，只會耽誤最寶貴的育兒黃金期。

心態和知識都要提前準備好，邊學邊養是不夠的，我們的準備速度遠遠趕不上孩子的成長速度，除此之外，身邊還要有榜樣示範。比如我，身邊有那麼多法國媽媽，她們日日啟發著我如何高效地將多年學習、實踐的蒙氏教育理念應用到家庭育兒中來。

如果沒有身邊這些法國媽媽，我會以為在家實踐蒙特梭利教育就像在海報、雜誌上看到的情形一樣，永遠都是完美無瑕的狀態。

蒙媽說

「法國媽媽讓我明白：真正的蒙氏媽媽並不是完美媽媽，
而是要足夠灑脫、有智慧，懂得抓大放小，
在對的時間不阻礙、不放縱、不搖擺。」

一個努力育兒的媽媽要學習接納現實的不完美，將一部分注意力從孩子身上轉移到自己和大家庭上來。時刻記得我們的角色不只是母親，還是妻子、女兒，還是一個現代的獨立女性。

藉由本書，我們將個人的經驗和思考分享給更多的華人媽媽，跟隨我們的家庭育兒方案，希望你也能成為有華人特色的蒙氏媽媽。

第 3 章

蒙氏爸爸觀點：科學塑造嬰幼兒神奇大腦

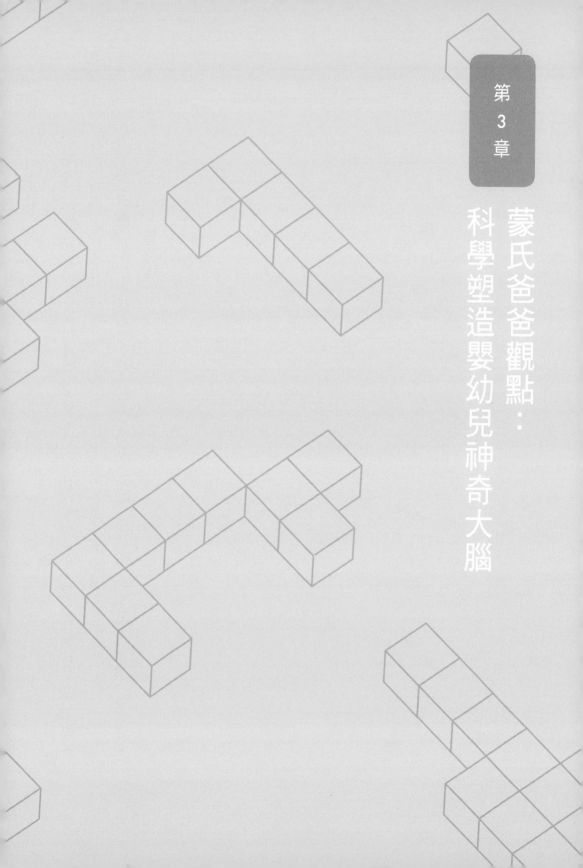

說來慚愧，從事生物醫學研究十多年，一向認為文科出身的妻子所信奉、踐行的蒙特梭利教育理念只是一家之言，並未經過科學實證的檢驗，難以令人信服。直到妻子的老師，國際蒙特梭利協會的一位德國培訓師邀請我參加教育論壇時，才發現自己曾經輕視的「蒙氏理念」與我所從事的表觀遺傳學領域的很多研究結果竟然驚人地契合。要知道，表觀遺傳學是當下科學界最先端的領域之一，而蒙特梭利博士卻是生活在大半個世紀以前的人物！

懷著強烈的好奇心，我與妻子一起從二〇一二年開始了蒙氏理念的科學實證歷程。二〇一五年，女兒出生後，我們又將實證後的理念方法應用到了家庭育兒的實踐中，獲得了無數奇蹟。

先天後天哪個更重要

身邊的父母朋友們問我最多的一個問題就是：在孩子的成長過程中，先天和後天哪方面對孩子的影響更大？這個問題在歷史上經歷過很長時間的辯論。從十九世紀後半葉到二十世紀初，遺傳決定論一度占據主流，到了二十世紀，尤其是二十世紀前半葉，觀點幾乎又一邊倒向了「空白石板」論，認為人的行為發展完全是環境影響的結果。

二十世紀九〇年代以來，得益於人類基因組計畫的完成，人類進一步認識了自己。分子生物學家們已經解析了人體將近三萬個基因的DNA序列和部分基因的功能。大人群相關性研究和動物實驗研究也確認了一些特定的基因，比如肥胖基因、癌症基因、孤獨症基因等。一時間，基因決定論似乎再次占據了上風，似乎孩子的一切都由先天基因注定，後天的教養並沒有多大意義。但事實上，科學家對同卵雙胞胎的研究已經終結這個爭論好多年了。

科學實證

同卵雙胞胎是由同一個受精卵分裂而成，他們具有完全相同的DNA序列，出生以前居住在相同的環境中，但從出生後開始，隨著年齡的增長，他們的成長環境會越來越不同。

雙胞胎研究成為瞭解基因和環境如何對某些特徵，特別是對複雜行為和疾病的研究做出貢獻的絕佳模式。例如，透過對同卵雙胞胎的研究，科學家已證實遺傳因素對諸如身高、思覺失調症、閱讀障礙、躁鬱症等會起關鍵作用，而語言技能、社會交往活動、性格等更多是受環境因素的影響。

研究還發現，即使同卵雙胞胎具有完全相同的遺傳背景，隨著後天環境的變化，具有修飾基因表達功能的表觀遺傳學標籤也會有差異，而且年齡越大，表觀遺傳學修飾差異也越大。

何為表觀遺傳學？簡單地說，表觀遺傳學是指DNA序列不發生變化，但基因表達卻發生了可遺傳變化的現象，也就是後天經驗可以改變基因的編碼作用。同卵雙胞胎手握同一副牌，可隨著經驗的增多，他們不僅打牌的手法越來越不同，而且手裡的牌也在發生著改變。這回，後天的影響力終於從以前的經驗性推測得到了強有力的科學支持。

我專門研究過早期母幼分離的小鼠的基因表達變化，發現經歷過早期母幼分離的小鼠從幼年開始，與應激相關的內分泌指標就有明顯升高，並表現出抑鬱的傾向。這一切的內在驅動力是環境透過表觀遺傳學的方式在不改變基因序列的前提下，持久、顯著地改變了基因表達。

我們的教育環境竟然能改變先天設置好的基因表達圖譜，可見後天經驗的影響比想像中要大得多。

蒙爸說

「最新的表觀遺傳學支持了蒙特梭利關於「有準備的環境」的理念，更加讓我們堅信教養環境意義重大，這就是為什麼本書的重中之重是引導父母設計適合孩子發展的蒙氏家庭環境。」

至於先天、後天孰輕孰重的答案，我的妻子擁有不少教學和觀察的經驗，她認為環境能改變基因，基因反過來也能改變環境。同樣的父母，面對不同氣質秉性的孩子，會採取完全不同的教育態度和方法，孩子所面臨的成長環境很可能會因自己的個性而得到巨大的改變。所以先天和後天都很重要，且相互滲透影響。

蒙特梭利博士不僅強調後天環境對兒童的影響，還提出了追隨兒童發展節奏的觀點。父母需要透過觀察，深入瞭解孩子的獨一無二，然後準備一個滿足他個性化成長需求的完備環境。我時常感慨，蒙特梭利這位百年前的科學教育家竟然具有如此的洞察力和遠見！

塑造大腦最重要的這幾年

剛出生孩子的大腦就像一張粗糙、簡陋的草圖，經過後天環境的一次次影響，細節才會越來越多，這張大腦地圖才會變得越來越精緻和有效。然而，後天環境究竟如何深刻地塑造著孩子的大腦，後天經驗又是如何進而改變了基因呢？

與很多在胚胎期大腦就基本發育成熟的哺乳動物不同，人類大腦在出生後具有極強的可塑性。可以說，環境不斷精細地雕刻著孩子的大腦，直到他們將近成年才基本完工。科學研究表明，人類大腦的可塑性在0～5歲時最高。嬰兒的大腦在1歲以內會增大至出生時的三倍，當孩子要進幼稚園時，大部分已經長成。經驗雖然一生之中都在積累，

大腦可塑性隨年齡的變化而變化

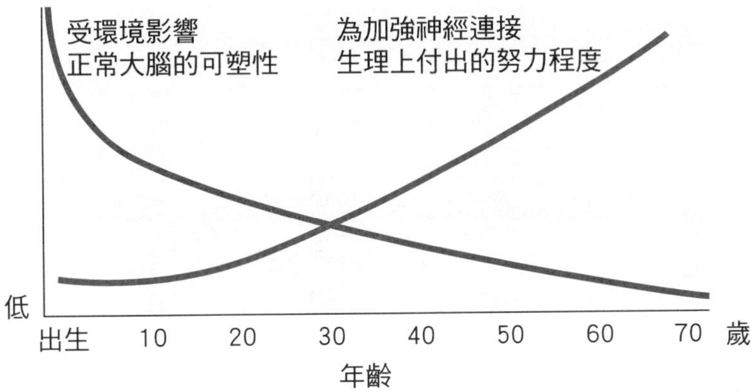

資料來源：Levitt（2009）.

但任何時候的影響都比不過生命之初的那幾個月以至幾年，那正是腦神經細胞突觸形成、大腦可塑性最強的時候。

麥克．默策尼希（Michael Merzenich）在研究大腦可塑性方面是成就最高的科學家之一。他擅長用實驗的方法將大腦可塑性證明給人看。隨著近年來成體神經幹細胞的研究進展，我們知道成人的大腦透過強化鍛鍊和環境的刺激，能恢復部分由於大腦損傷而失去的功能，成人的大腦也具有一定程度的可塑性。但二〇一八年最新發表在《自然》期刊上的研究結果又顯示：在早期發育之後，神經元的產生數量急劇下降，到成年時戛然而止。

不論成人的大腦是否真的如這項研究所說，完全沒有了可塑性，即使還有，這種可塑性也非常小，而且想要改變，需要付出大量的努力。

嬰幼兒大腦的神奇之處在於，他們只要接收到環境的刺激便會發生改變，毫不費力。這恰恰驗證了蒙特梭利博士提出的吸收性心智的理念。簡單來解釋，就是0～6歲孩子的心智如同海綿，能夠不費吹灰之力地吸收環境中的資訊。

蒙特梭利博士在一九五一年提出了人類的發展球莖圖，這幅圖與二十一世紀神經生物學研究大腦可塑性的權威圖表不謀而合。蒙特梭利博士提出了人類發展的四大階段，第一階段是0～6歲，這個階段兒童的心智如同花的球莖一樣，對周圍營養具有極強的吸收能力，而在生命的前六年，尤屬前三年的能力最為強大，而且前三年是無意識吸收，孩子能不加選擇地吸收環境中的資訊，如同照相機一樣，將感官接收到的所有資訊都拍攝、儲存於大腦中。因為嬰幼兒對環境中的一切都特別注意，他並不知道什麼是重要的、什麼是不重要的。隨著年齡的增長，大腦地圖細節增多，他才會有選擇地注意環境中的某一部分。

美國斯坦福大學的本．巴雷斯（Ben Barres）和他的學生、哈佛大學的貝絲．史蒂文斯（Beth Stevens）在神經膠質細胞如何雕塑大腦方面做出了很多開創性的工作。他們發現嬰幼兒時期，大量突觸不僅在形成，還在被清除、削減。

在早期的健康細胞中，有一種關鍵的蛋白星形膠質細胞促進補體C1q（經典補體級聯的啟動蛋白）的表達。在形成成熟的神經迴路的過程中，在發育的特定時間，C1q會與突觸結合，標記那些不需要的突觸，然後啟動大腦的免疫細胞，對不需要的突觸在大腦中進行定向清除。

大腦可塑性的最新佐證是，二〇一六年美國加州大學的研究人員發表在《科學》雜誌上的研究論文。研究發現，在新生兒出生後的幾個月內，一些抑制性神經元會大規模遷移到大腦的前額葉皮層。

人的四大發展階段球莖圖

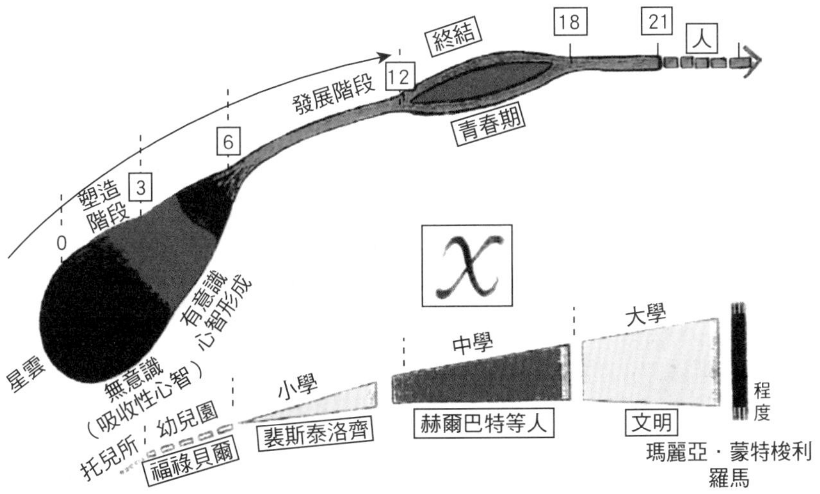

在生命的最初幾個月，嬰兒剛開始與周圍的環境接觸，這對腦部發育來說是一段相當重要的時期。這段時期的神經元遷移與複雜認知功能的形成息息相關。研究人員推測，這種後期遷移可能在建立人類基礎認知能力中發揮著重要作用，這一過程的紊亂可能與一些神經系統疾病密切相關。

因此從出生開始，大腦就經歷著我們難以想像的巨大變化，大量突觸不僅在形成，還在被清除、削減，神經元也在大規模遷移。遷移到位之後，樹突、軸突大量生長，和其他神經元形成突觸，建立神經網路，然後逐漸成熟。這也是蒙氏理念中吸收性心智說法的科學詮釋。即便這個再塑過程是按照基因圖譜的框架進行的，後天環境也大大影響著塑造的效率和結果。

科學實證

著名的布加勒斯特早期干預專案（Bucharest Early Intervention Project）在羅馬尼亞孤兒院的試驗有力證實了環境對大腦的深刻影響。哈佛大學查理斯・納爾遜（Charles A. Nelson）教授領銜的團隊對大量孤兒展開了早期忽略（Early Neglect）對神經發育的影響。他們將六十八名孤兒隨機分配成兩組，將留在羅馬尼亞孤兒院的孤兒（即留守組兒童）和受到高品質收養的孤兒（即收養組兒童）進行了長期跟蹤對照實驗。實驗結果顯示，在孤兒院生活的留守組兒童與在優質家庭和普通社區生活的收養組兒童相比，在諸如身體發育指標、語言能力、認知和智力發展等測試中，處於全面劣勢。

二〇一五年發表在著名的《美國醫學會雜誌—兒科學》的研究表明，收養開始的時間點對孤兒各項指標的恢復至關重要，而且越早離開孤兒院，效果越好。布加勒斯特早期干預項目發現，在24個月前離開孤兒院的孩子恢復效果最好。這一研究專案的結果還表明，被收養前在孤兒院待的時間越長，大腦的可塑性就會變得越小，一旦錯過大腦的某些發育關鍵期，而沒有得到相應的環境刺激，後天再想改變就非常困難。一般認為，幼兒的前24個月是大腦可塑性最強的時期，如果孩子在這一時期沒有得到父母的悉心照料，大腦的結構會發生不可逆的改變，在成年時發生憂鬱、酗酒、毒品濫用的概率會顯著增高。研究表明，表觀遺傳的修飾在這一過程中起了非常大的作用，後天養育環境深刻地改變了孩子的一生。

既然孩子所處的環境如此深刻地「塑造」著他們的大腦，那我們應該為孩子準備什麼樣的環境，尤其是準備什麼樣的家庭環境，才能輔助他們更好地發展呢？

豐富的環境

人類出生時，大腦的重量只有三百五十克上下，而成年人的大腦約一千三百克。出生時，嬰兒大腦的重量約占體重的十分之一，神經細胞已經存在，但是大部分未得到應用，也就是說，他們的神經系統遠未得到充分發展。嬰兒出生之後，大腦灰質隨著突觸與樹突的增加迅速擴大，蛋白質與神經纖維的髓鞘化一同增長，髓鞘化的作用是幫助啟動那些待命細胞。

髓鞘化主要有兩種功能：一是支援軸突和周圍組織，在相鄰的軸突之間形成電氣絕緣，使神經興奮信號沿神經纖維的傳導更高效；二是作為形成記憶的一種方式，能增強細胞組織間的有序連接。簡而言之，髓鞘化的功能就是增加連接，同時讓一些連接更加有效。熟能生巧就是髓鞘化的結果，環境的影響則是加快髓鞘化的主要途徑之一。因此，我們需要盡可能地為孩子提供豐富的環境來促進神經髓鞘化。

科學實證

在動物模型實驗中，「提供豐富環境」是指用各種材質的碎布、紙、刨花、顏色鮮豔的玩具來刺激老鼠的視覺、聽覺、觸覺等感官的發展，用滑梯、轉動的籠子、能鑽的管道來提高老鼠的認知能力，並讓一些老鼠共同生活以增加社交機會。每天從感官、認知、社交等多個維度來讓老鼠的日常生活變得豐富多樣。

與普通在「貧瘠環境」下飼養的老鼠相比，「豐富環境」下的飼養可以引起老鼠神經系統形態結構的變化，比如大腦的體積和重量、大腦皮層的重量和厚度的增加，同時改變大腦中的樹突、軸突和突觸。突觸可塑性常常伴隨著行為學功能的改變，例如豐富環境中飼養的老鼠具有更強的認知能力和空間記憶能力。這類研究現在也經常被引用來支持豐富幼兒環境的重要性。豐富環境能加速海馬迴的發育，促進大腦神經迴路的成熟，同時，環境對某個腦區的刺激也會對其他腦區產生疊加效應。

老鼠需要天然的野生環境，同樣，嬰幼兒需要更自由、更豐富的成長環境，而且這個對豐富環境的迫切需求，其實從一出生就開始了。

蒙媽日記

女兒出生了，我給她做好了所有的吊飾，只有最初2個月的黑白吊飾沒有完成，這第一個吊飾也實在太難製作平衡了。想來趁孩子睡著的時候加工，總能把它做完，誰知道孩子剛出生一堆雞毛蒜皮的瑣事，根本沒有時間弄別的。

出生16天後，我發現女兒總是盯著臥室的吊燈看，達到了幾近迷戀的程度。有多迷戀？每次一大覺醒來餓到哭得梨花帶雨喉嚨嘶啞的時候，但凡看到這盞吊燈，她就會頓時停止哭泣，大眼珠眨也不眨地盯著吊燈，長久地發呆，好久才回過神來繼續哭，找奶喝。

我今天恍然意識到，家裡這個吊燈黑色燈架、乳白色燈罩，不就是現成的黑白吊飾嘛！最初2個月，嬰兒只能看到對比非常鮮明的形狀和顏色，喜歡複雜的設計曲線，她真是迫不及待地想要瞭解這個新世界啊！

我們為女兒用心設計了從出生到3歲豐富的蒙氏家庭環境，比如家庭方案圖當中的小月齡吊飾，這些都會在第二部分出現。

不論多忙碌，我們也從來沒有把女兒囚禁在成人設置的「老鼠房」裡，比如傳統嬰兒床、學步車或者圓圈圍欄中。同時我們盡量每天帶孩子外出，除非出現極端惡劣的天氣，否則都會帶孩子到公園、圖書館、遊樂場、爬爬班、朋友家等，讓孩子多見識不同的生活場景和家人以外的人。

有序的環境

動物實驗的結果是否能直接拿來應用呢？答案是否定的。科學是嚴謹的，從老鼠的實驗結果來看，並沒有得出「環境越豐富越好」的結論。

我們常會在一些不夠嚴謹的教育文章和早教機構中看到一張神經元網路圖，圖片單純地顯示了隨著月齡的增加，神經元數量由少變多的過程，給人一種多多益善的錯覺。

下圖是一張人類大腦皮層的神經元發育模式圖，這張圖展示了興奮性神經元從稀疏逐漸變得濃密、有序的動態塑造過程。幼兒大腦的成熟不僅是神經元不斷增加的過程，在此過程中，神經元也在大規模地削減，雖然這聽起來很可怕，但是這個削減過程對搭建更有效的神經網路是有益的。那些從未被啟

人類大腦皮層的神經元發育模式圖

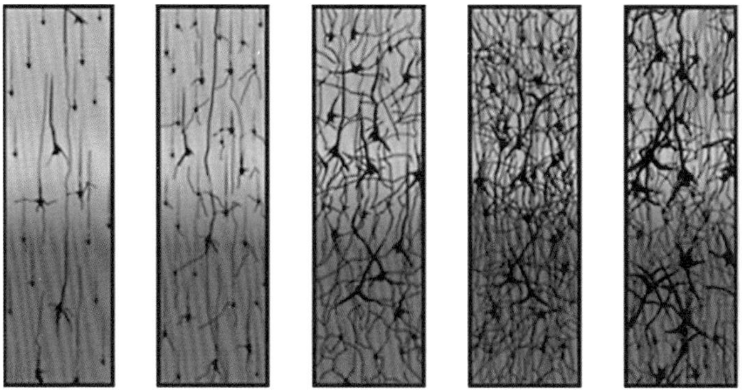

動使用過的神經突觸在這個過程中就自然被淘汰了，而且是不可逆的。大腦地圖逐漸精緻化的過程遵循競爭的原則，用進廢退。

大腦如同一個磁片，從環境中吸收的內容會占據大腦磁片的空間，重複地吸收，占據的空間就越來越大。如果不好的內容首先占據了大腦磁碟空間，之後接觸得越多、越頻繁，這些壞的內容在磁片中占據的空間就會越大，好的內容便再難立足，這就與市場中劣幣驅逐良幣的道理類似。所以神經連接並不是多多益善，有時候少即是多，數量遠沒有品質重要。大腦可塑的這種競爭特質啟發我們，早期教育品質極其重要，我們要在孩子成長的最初期給他們提供有益的環境，使有益的內容搶先占據他們的大腦磁碟空間。比如在孩子3歲以前堅持讓他們刷牙、洗手，堅持給他們示範收納玩具等，這對他們日後的行為習慣養成絕對是事半功倍的，而壞習慣一旦建立便很難改變。

有人曾向羅丹請教雕塑藝術的技巧，羅丹說：「砍掉多餘的部分。」雕塑大腦也不是單純地增加修飾的過程，同樣需要砍掉多餘的部分來幫助關鍵部分的神經連接變得有序，這是一門雕刻的藝術。凡是環境中沒有的、刺激不夠的、大腦認為不需要的神經連接就會被削減；凡是環境中提供了足夠刺激的，相應的神經連接就會反覆加強。

蒙爸說

神經通路就在這個不斷削減和加強的過程中變得更加清晰、有效，我們精心準備的蒙氏環境就能幫助孩子對神經細胞進行「擇優錄取」，並提高神經通路工作的效率。

為什麼嬰幼兒完成一件工作要比成人慢很多？為什麼對嬰幼兒的教育需要我們付出極大的耐心？原因很簡單，就是因為嬰幼兒大腦中的神經網路線路太多太雜，有的不通往目的地，有的通路有很多彎道。嬰幼兒大腦在早期會產生大量突觸，因而擁有了極強的可塑性，但是突觸過多便會造成效率低下，需要透過精準的訓練來削減和淘汰多餘的突觸。蒙特梭利教育理念所創設的環境鼓勵孩子不斷重複同樣的活動，直至完全掌握這一技能，比如走、爬、拼圖、擦桌子等。

蒙媽日記

幾個月前女兒第一次串珠子，記得她是用手腕、手臂甚至全身的力氣來串第一顆珠子的，每顆珠子都要花相當長的時間和相當多的努力，一旦有一顆串不上，她就氣急敗壞地把珠子全都扔在地上。在一旁觀察的我好幾次都忍不住想伸手幫忙，但終究還是克制住了。

一段時間後，我發現她能放鬆肩膀和手臂，單用雙手合作來完成串珠子的動作了，但動作還是很笨拙，只能專注地串三四顆就放下不玩了。

今天我又突然看到她輕鬆地將所有珠子快速地串了起來，然後找我來打結，並將這個自製「項鍊」驕傲地掛在了脖子上。我覺得是時候給她提供更小的珠子來串了。

串珠活動能幫助孩子不斷強化大腦對應部位的神經連接，孩子從需要用很多的神經元到只需要用恰當的神經元來做同一件事，透過反覆練習，神經通路工作的效率也會越來越高。因為重複和效率的提高，同一個內容便不會占據他所有的大腦磁碟空間，他的大腦便能留有更多餘地去學會新的技能了。

有序的環境可以鼓勵嬰幼兒專注於更少的內容。對嬰幼兒來說，一心多用沒有多大好處。在有序、有益的環境中，才可能對嬰幼兒大腦進行有效而長久的塑造。默策尼希做了很多實驗，他發現只有當猴子專注於一件事的時候，牠的大腦結構才會發生永久改變。如果猴子沒有專心致志，而是心不在焉地同時做幾件事，牠的大腦也會發生改變，但是改變的神經網路不會保持下來。

很多家庭的環境設置雜亂無章，給孩子準備的玩具和活動缺少教育意義，孩子很難真正專注於一件玩具或活動持續地探索，於是便表現得黏人、煩躁、不滿足。如何在家中布置一個有目的、有品質、能夠精美塑造嬰幼兒大腦的環境，我們在第二部分的實踐環節會手把手與你分享。

真實的環境

蒙特梭利博士寫道：

> 真正可以幫助孩子建構自我的方法，是給孩子創設一個可以自己運作的環境，讓他們可以透過這些環境中的物品，幫助自己在其中真實地生活。

當女兒的大動作和精細動作都發展得比較成熟後，我們給她提供了很多做家務和自理的機會，當然，不是扮家家，不是假裝遊戲，而是「真刀實槍」地動手做。女兒和我們一起準備晚餐，一起挑菜、洗菜，在我們的幫助下用真的刀切菜，一起煮菜，還能自己穿衣、洗手、刷牙，自己澆花、種植、掃地、拖地……

美國維吉尼亞大學二〇一七年的一項研究中有如下幾條發現：

- 面對真實的和假裝的活動，學齡前孩子會壓倒性地選擇前者；
- 孩子對真實活動的偏愛傾向於出現在3～4歲，且一直持續到6歲；
- 孩子說他們喜歡真實活動是因為這樣的活動容易操作、有實際意義，並且能產生新奇的體驗；
- 當孩子們選擇玩假裝遊戲時，提及最多的原因是害怕、不自信或者不被允許。

這項研究針對的是3～6歲的學齡前兒童，目前還沒有針對3歲以下嬰幼兒的報告，但是根據我們的觀察發現，孩子在18個月到3歲之間，只要環境和父母給予了足夠的支持，在真實活動和假裝遊戲中，大部分孩子都會果斷選擇前者。真實的活動能夠大大提高孩子的動手能力，增強他們的自信心。如果孩子一直被塑膠玩具包圍，很少接觸真實活動，那麼他們很可能會習慣性地選擇假裝遊戲，因為他們不知道自己可以像父母那樣工作。當他們第一次想要模仿父母的時候，父母通常會告訴他們：你太小了，等你長大了再來做。而現實是，等他們長大了之後，就不會再有做這件事的興趣了，便總想讓父母代勞。

蒙媽日記

有段時間女兒不愛吃蛋黃，也不愛吃煎蛋，於是我就和她一起煎蛋。她在我的協助下，將平底鍋放到灶台上，小心翼翼地開了爐火，倒了一點炒菜油，耐心地等待油溫升高，將打好的雞蛋沿著鍋邊輕輕地倒入平底鍋，然後仔細觀察蛋液凝結的過程，這時她表現出的專注和耐心非常打動我。一面煎好後，我協助她一起翻面，她臉上露出驚喜的表情，迫不及待要吃鍋裡的煎蛋了。從那天起，她強烈地喜歡上了煎蛋，而且連續四五天自告奮勇為全家人煎蛋。

在煎蛋的過程中，女兒真切地看到了蛋液在高溫下由液態變成固態的過程。這是生活常識，也是物理實驗。她每一步操作都小心翼翼，輕輕地開火，輕輕地倒油，輕輕地倒入蛋液，她全神貫注地努力控制自己還並不靈活的身體，因為她理解我所說的「溫度」、「燙傷」代表著什麼。雞蛋煎好後，她無比喜悅和自豪。她為全家人服務，並深刻地意識到自己屬於家庭中的一員，可以像爸爸媽媽照顧她一樣去照顧別人。

很多家庭都給孩子準備了扮家家廚房，很多孩子確實也很喜歡。他們用塑膠工具假裝開火、燒水、炒菜。手碰到灶台上不會燙傷，盤子、碗掉到地上也不會摔碎，他們從中學到的內容真的比真實環境中少太多了。

發展心理學已經驗證了真實活動對兒童發展的意義，從神經生物學的角度來講，真實的環境在一定程度上也意味著更加豐富的環境，真實的環境提供了比假裝環境豐富得多的感官刺激和認知體驗，因此前面講到的豐富的環境對孩子大腦的塑造意義，也同樣適用於真實的環境。

個性化環境

個性化環境，意味著我們要抓住嬰幼兒不同發展階段的不同敏感期，為孩子準備能夠輔助當下敏感期發展的個性化環境。因此，個性化蒙氏家庭環境是因人而異的，一千個家庭有一千個樣子。

「敏感期」一詞最初由荷蘭生物學家雨果．德弗里斯（Hugo De Vries）在二十世紀初研究動物發育時首先提出。動物習性學的創始人、奧地利動物學家康拉德．勞倫茲（Konrad Lorenz）在研究鳥類行為學時也提出了「關鍵期」的概念。勞倫茲發現，剛出生的灰雁在出生後的特定時間段會持續跟隨母雁，這樣才能保證安全和被餵養。如果母雁沒有在這個時間段出現，雛雁就會有銘印行為，即把身邊的人或者其他動物當作母親。銘印行為僅出現在一個狹窄的時間視窗期內，通常在孵化後的頭兩天，勞倫茲將其稱為社會依戀的「關鍵期」。

科學家們很快發現，人類大腦中的每一個神經系統都有自己的關鍵期，與關鍵期相對應的神經可塑性最強，此時大腦對環境中某一部分內容特別敏感，成長速度也最快。

科學實證

一項殘酷的實驗證實了抓住敏感期的重要性。神經科學家大衛．休伯爾（David Hubel）和托斯坦．威澤爾（Torsten Wiesel）把剛出生的小貓和猴子的眼睛縫合起來，使牠們暫時喪失視力。結果發現，視力被剝奪後，小貓和猴子大腦中負責視覺的神經皮層區的構造和功能大受影響，即使後來把線拆開，牠們的視力也大大受損。值得一提的是，只縫合一隻眼睛的小貓，腦發育狀況比兩隻眼睛全縫合的小貓還要混亂。

休伯爾和威澤爾推斷：腦內神經細胞的連接是某種競爭、淘汰互動的結果。這個實驗證明，大腦中視覺神經網路的構建是由視覺經驗指導完成的，後天經驗和環境在關鍵期時的刺激對大腦視覺神經的成熟起了決定性的作用。

蒙特梭利博士觀察發現，兒童的成長過程中也有類似的現象，因而將敏感期的理念應用到了幼稚教育上。她認為，孩子會在某一短暫時期內對環境中的某一部分表現出強烈而持續的興趣，在這期間，孩子會樂此不疲地大量重複同樣的活動，直至熟練掌握。

每一次敏感期的到來就像閃電一樣，出現的時間很短，且不會再現。敏感期是大自然賦予孩子的禮物，是孩子學到各種技能的黃金期。在敏感期內，我們應該及時發現並給孩子提供豐富的環境支援，如果無法得到支援，孩子將失去這一最佳的學習時機，日後即使付出數倍的努力和時間，都不一定能達到理想的效果。

蒙爸說

「如果我們為大腦的可塑性而驚嘆的話，
那敏感期大腦的可塑性會令我們嘆為觀止。
敏感期時的大腦皮層很有彈性，只要浸潤在環境中，
其結構就會快速發生改變。」

蒙特梭利教育理念認為，孩子在0～3歲會經歷語言、社交、秩序、運動、感官敏感期。在這一階段，嬰幼兒一直處於語言敏感期當中，只要身在這個語言環境中，他們的神經連接就會一直變化，讓他們聽就好，即使不知道你在說什麼，他們的大腦也在收錄語言當中的所有細節。他們會毫不費力地完美學會環境中的所有語言，而成人要學習一門新語言，可要費九牛二虎之力。

蒙媽日記

昨天去動物園，爸爸帶她看非洲羚羊。她捂著鼻子說：「這裡好臭啊，我不想看非洲動物了。」爸爸很是詫異，因為他都不知道這是非洲動物，回頭一看介紹，果真是非洲羚羊。爸爸回來問我，我仔細回憶了下，好像和她講過寒帶、熱帶的動物，好像還提過一句很多非洲動物就生活在熱帶……

現在女兒的詞彙很豐富，朋友笑她說話就和大人一樣，其實這都是因為我緊緊地抓住了她的語言發展敏感期。這個敏感期從出生，不，從孕期就開始了。

女兒在還沒有說話之前，就總是盯著我們的嘴巴看。每次她的專注就提醒我特別注意自己語言表達的品質，用詞準確、豐富，發音標準，盡量控制自己不要用「寶寶語」和「媽媽腔」。

從出生開始，爸爸每晚都會給她講英語故事，不論她是否能聽懂。到現在2歲多，她都能聽懂很多大段的英文繪本故事了。

我們兩個都是中國人，在家從來不說德語。從2歲起，孩子進入德語托兒所，三個月後，我就發現她能聽懂老師的不少指令，五個月後，就開始和老師用德語交流了。不過從德語和英語的學習經驗來看，2歲後遠沒有1歲前吸收快。

在敏感期，嬰幼兒學習的大門始終敞開著，因此作為父母，應該把握天賜良機。然而泛泛瞭解敏感期的時間點並無多大意義，我們在第二部分提供的每一張分月齡環境設計圖，其細節無不體現孩子在當下的發展敏感區。比如，在孩子出生後視覺最敏感的前5個月，我們準備了輔助視力發展的吊飾；從出生到6歲都是語言發展敏感期，因此我們在每個月齡階段都開闢了一部分專門指導父母怎樣有針對性地輔助孩子的語言發展。只要在實踐過程中跟隨我們進行環境創設，密切觀察、因勢利導，爸爸媽媽們就定能滿足嬰幼兒成長敏感期的需要。

幼兒的敏感期具有嚴格的時序性，這與大腦相應部分神經迴路發育成熟的順序密切相關。從還是媽媽肚子裡的胎兒到出生，嬰兒大腦的神經細胞數量就已經足夠多了。出生後，大腦面臨的課題就是如何把這些神經細胞聯繫起來，讓它們協同工作。在這個過程中，神經細胞會經歷增長、大規模削減以及遷移的過程。大腦的動態可塑，是因為大腦還有足夠多的突觸沒有被削減，當某一個方面多餘的突觸被一點點削減了，主要的神經迴路連接完畢了，這個系統最終需要的便是穩定，到此，敏感期就結束了，大腦的神經可塑性也就變得很小了。

神經生物學家還透過拔除小鼠鬍鬚的方式發現，觸感剝奪不僅給小鼠造成了觸感發育不良，還減緩了小鼠多個感官皮層的發育。藉由黑暗飼養的方式剝奪小鼠視覺輸入的實驗也得出了同樣的結論。因此，敏感期非常關鍵，在敏感期給孩子提供關鍵的環境準備，輔助神經突觸的精煉、淘汰以及高效的神經迴路構建，其影響要比我們想像得要深刻、廣泛得多。

很多最新的科學研究成果都有力地證實了蒙特梭利博士透過觀察、總結得出的教育理念的科學性，在我看來，這是世界上為數不多禁得住現代科學檢驗的教育方法。在孩子生命中最重要的前三年，他們大腦中的神經網路經歷著大規模的形成、削減和遷移，而在這個動態的塑造過程中，教養環境起了至關重要的作用。高品質的教養環境不僅要豐富，更要有序、真實，還要緊緊跟隨孩子的興趣，抓住孩子的發展敏感期。教育是一門跨越多種學科的雕刻藝術，父母只有瞭解育兒科學，才能在孩子生命中最重要的前三年，在教育的黃金期，給孩子的未來做最好的準備。

第4章

蒙氏爸爸在德國：孩子心中不可取代的存在

爸爸和媽媽由於性別和成長經驗的差異，往往有著不同的教養風格。而爸爸的參與會給孩子的未來帶來明顯的積極正面的影響，這個影響還會一代代傳下去。爸爸的參與情況有時甚至比媽媽的疼愛更能預測孩子未來的認知水準、情緒狀況和社交能力。在西方文化中，爸爸的疼愛能夠減少孩子發展的困難，如兒童期的情緒、行為問題以及青少年時期的吸毒等不良行為。

無數的科學研究以及鋪天蓋地的媒體書籍都在強調爸爸在孩子成長中的重要影響，但是看看身邊的家庭，發現在現實生活中，華人爸爸的參與度還是非常低的，尤其是與德國爸爸相比，要低得多。

德國爸爸VS.華人爸爸

在歐洲，男女平等的觀念由來已久，因此在育兒這件事情上，早已不再有嚴格的父母角色分工。近幾十年來，德國這一狀況愈發普遍，尤其是在父母有了同等的育兒假期之後。媽媽不再是育兒的主力，爸爸也不再僅限於工作之後的陪玩，夫妻二人在育兒這件事上更多的是互助合作的關係。

德國的文化價值觀非常強調男性在家庭活動中的參與度，爸爸不只是在外賺錢養家的人。而德國的爸爸們也都以當「奶爸」為傲，並不覺得這是喪失男子氣概的角色。在德國的週末，經常能看到爸爸們推著嬰兒車到處遛達，或是騎車帶著孩子翻山越嶺。和當了爸爸的德國同事一起聊天，我們的共同話題從來都不只是工作、喝酒和球賽，也常常興致盎然地交流育兒心得和育兒糗事。為照顧孩子而請假缺席、耽誤工作，這在德國完全不會受到異樣目光，愛家、愛孩子的男人形象不會讓工作減分，有時甚至會因此獲得更多的信任。

《三字經》中有「養不教，父之過」一說，可見華人傳統文化中並沒有忽視爸爸在家庭教育中的重要作用。那麼，華人世界當下普遍的「喪偶式育兒」應該只是經濟發展過程中的一個附帶現象。隨著社會的進步，華人爸爸應該像德國的爸爸們一樣，越來越深入地參與到育兒生活中。

蒙氏爸爸的心態準備

在身邊德國爸爸們的影響下，我一直在努力尋找蒙氏爸爸獨有的參與方式：建立媽媽無法取代的教養地位，不與媽媽的角色重疊，而且這種教養風格既能符合傳統文化對男性形象的定位，也能滿足現代社會對爸爸高度參與育兒工作的期望。

有時候，我們從動物世界中也能找到一些靈感。皇帝企鵝是公認的「超級奶爸」。當配偶在冰雪覆蓋的海岸上產蛋後，會回到海裡覓食。企鵝爸爸則會將蛋放在腳掌上，繼而用腹部的皮毛把蛋裹起來，在寒冷的氣溫下站著孵蛋近兩個月之久。企鵝爸爸就這樣忍受著寒冷和饑餓，等待配偶回來。

兇狠勇猛的公狼也是「超級奶爸」。即使狼媽媽是主要哺育者，狼爸爸負責捕食，但是狼爸爸常常等到小狼吃飽後再吃。有的狼爸爸會為小狼咬碎骨頭，小狼則會在爸爸身邊各種調皮搗蛋，撕咬耳朵或者尾巴，狼爸爸從不反抗。

不論是皇帝企鵝還是狼爸爸，牠們對後代的體貼關懷並不會讓我們覺得這些動物喪失了原本雄性的氣質，相反，牠們有著鐵血柔情般的魅力。人類亦是如此，男性並不會因為陪伴孩子而影響男子氣概，相反，因為孩子，爸爸們會變得更加成熟、更有擔當，成為家庭遮風避雨的保護傘。很多男性成熟的轉捩點，就是孩子的出生。如果男性有足夠的心理準備，便能更加輕鬆地應對這一角色的轉換。

可以這樣做

建議準爸爸們在心態建設上做好這樣的準備：

1. 在成為爸爸之前，就要明確知道自己將會面臨一種嶄新的生活模式，永遠不會再回到百分百輕鬆自在的二人世界了。這個小寶寶會在未來很長一段時間裡占據媽媽的整個身心，包括自己的一部分世界。理解妻子的同時，也要努力調整自己的生活節奏和方式，盡量改掉從前不利於家有兒女的生活習慣，比如頻繁應酬。同樣重要的是，要始終努力在任何階段與妻子建立更深厚的親密關係。

2. 刻意提醒自己：我當爸爸了。媽媽懷胎九月，已經與寶寶建立了緊密的聯結，潛藏在女性心中的母愛本能很輕易就被激發出來，生產後的荷爾蒙也會自然激發母性行為。而爸爸不同，突然懷抱著一個看起來很陌生的軟綿綿的小嬰兒，的確需要刻意提醒自己「爸爸」這一新增角色。這一過程對我們來說並不像媽媽那麼自然，需要時間和機會。如果爸爸在妻子孕期積極陪伴產檢，期待孩子的出生；如果在孩子出生前，爸爸的心智已經比較成熟，那調整心態時會容易得多。

蒙氏爸爸在共生期

孩子出生後的前2個月，我們稱為共生期。共生期內，父母雙方都面臨著相當大的挑戰，爸爸不僅要照顧好產後恢復期中的媽媽，輔助媽媽與嬰兒建立親密的依戀關係，還要努力適應新的家庭模式。這位初為人父的男性，在身體疲憊的同時，心理上也是萬分不易的，他與嬰兒的親密關係還沒來得及建立，而他深愛的妻子卻完全被眼前看似陌生的嬰兒奪走了全部注意力，內心必然會有或多或少的失落和嫉妒。如果多輔助妻子照顧嬰兒，丈夫很快就能感受到成為父親的喜悅和榮耀，而這些會極大地沖淡那些微不足道的小情緒。

可以這樣做

建議新手爸爸們在共生期做好下面這些事：

1. 爸爸要在媽媽哺乳期時給她提供全方位的支援。母乳餵養非常辛苦，可能會遇到各種各樣的疼痛和挫折，這時爸爸要做的就是傾聽和鼓勵，並且積極輔助，比如幫助媽媽調整哺乳的姿勢和哺乳環境、給孩子拍嗝，或者多承擔一些家務。當媽媽不能或者不願再堅持母乳餵養時，不給她施加壓力，讓她自由決定是否繼續母乳餵養，以及堅持多久。
2. 爸爸要時刻關注媽媽的情緒，防止媽媽出現產後憂鬱的情況，同時也要關注自己的情緒，爸爸同樣也可能出現產後憂鬱的症狀。

3 與媽媽有明確的時間分工，爭取盡可能多的時間讓她休息。比如我們家，孩子大部分時間由媽媽負責，而我會在下班以後和週末全力承擔大部分育兒工作。我的妻子產後身體極為虛弱，我們又身在海外無人支援，因此為了提高育兒效率，我和妻子有了明確的育兒時間分工。積極參與也讓我瞭解到養育孩子的辛苦，這要比全職工作累多了，也因此更能體會妻子的不易。爸爸的專屬育兒時間也讓我更早地和孩子相互熟悉，與孩子建立了不一般的親密關係，也更早地意識到成為父親的責任和意義。

4 摸索出自己擅長的育兒任務。即使是奶粉餵養，最好也還是由媽媽來進行，這樣有助於建立安全的母子依戀關係。爸爸可以嘗試的是：給寶寶洗澡、帶寶寶在室外散步、給寶寶講睡前故事……每天都由爸爸在固定時間來完成這些任務，規律的作息有助於嬰兒建立安全感。

建立無法取代的教養地位

孩子一出生就能識別媽媽的聲音和氣味，在媽媽的懷裡很容易就能平靜地睡去。在爸爸看來，這簡直是奇蹟。即使爸爸有心參與，很快也會心甘情願退居二線，做起輔助工作。在這樣的情況下，媽媽很快就進入了角色，能快速識別寶寶的需求，瞭解寶寶的個性氣質，母子間建立深深的依賴，這樣的關係不自覺地就產生了排他性。

剛開始，育兒的大部分工作都是關乎吃喝拉撒睡，在這些方面，女性更加擅長，由於照顧技能嫻熟，或是出於內心的優越感，或是潛意識中不願與爸爸分享跟孩子親密相處的權利，實際上媽媽會事必躬親，因為在媽媽眼裡，爸爸總是這也做不好，那也做不好，但是指責會大大打擊爸爸參與的積極性。這是不理想的開端，而我們知道，開始的模式很重要。

共生期之後，在慣性的驅使下，媽媽們包攬了大部分的育兒工作，但這不利於嬰兒與母親逐漸分離的經驗積累。此時，爸爸的參與對孩子心理健康成長極為重要。

在感到不安全時，我們的女兒大多數時候會找媽媽，但在有些情況下，她只會找我，說明對她來說，在某種情況下，爸爸比媽媽更能給她提供安全保障，儘管她在何種情況下會做出怎樣的選擇我們不得而知。如果孩子能與父母雙方都形成安全的依戀關係，那他們未來應對壓力的能力就會更強。所以，在共生期後，媽媽要及時鼓勵爸爸積極參與到育兒工作中來，爸爸也要努力建立媽媽無法取代的教養地位。

提供獨到的育兒思路

儘管爸爸並不擅長照顧孩子起居類的工作，但在媽媽束手無策的時候，爸爸不一樣的教養風格往往能提供出其不意的育兒思路。

面對哭鬧不止的嬰兒，有些媽媽通常只會用乳房來安撫，而長期來看，這種方法的負面影響不小，夜醒、「奶睡」及過度依賴乳房的問題會層出不窮，媽媽會疲憊不堪，爸爸更是愛莫能助。在這種情況下，爸爸可以勇敢接手安撫工作。無法提供母乳的爸爸只能靠觀察孩子、琢磨孩子的需求和喜好來安撫他們，這有益於建立一種良性迴圈。比如，爸爸特有的低沉、緩慢的嗓音就有很好的安撫作用。

蒙媽日記

記得女兒快2個月大的時候，每天傍晚都有腸絞痛的症狀，爸爸那時就用「坐飛機」式的方法抱著她在各個房間遊覽，看牆上的畫，看轉動的洗衣機，看浴室鏡子裡的自己，看陽台上的花花草草……這種做法有效地緩解了她的痛苦。我就沒有足夠的體力抱孩子那麼久。

有一次為了讓我休息，爸爸接手了陪女兒入睡的工作，然而爸爸總是善於讓孩子興奮，而不是安靜，結果3個月大的女兒到凌晨三點還沒入睡，最後爸爸將女兒放到汽車座椅裡，開車繞著小城轉了兩圈，很快，小不點兒就安穩地睡著了。爸爸帶娃的方法真是讓人「嘆為觀止」！

依照自己的專長分工

為了提高育兒效率，妻子給我分配了專項育兒任務，比如英語啟蒙。媽媽最好是用母語跟孩子交流，因為母語是最重要的語言。如果爸爸有第二語種的優勢，同時孩子有充足的母語環境，那麼爸爸則是開啟孩子外語啟蒙的最佳人選。

由於平常下班之後就到了晚飯時間，並不適合與孩子太過興奮地玩耍，所以我的任務主要是英語親子共讀。從孩子出生起，我就堅持每晚給她講英語睡前故事。其實在很長一段時間裡我都懷疑，這個小不點到底能吸收多少，然而不到1歲，女兒就能聽懂上百個英語單詞以及我的簡單英語指令了；1歲後，她就開始陸續蹦出了很多英語單詞；2歲後就能聽懂很複雜的繪本故事，也能跟我用英語簡單交流了。英語啟蒙是妻子全權交予我的任務，我能看到自己的付出獲得了顯著的成效，就更有信心堅持下去。

蒙爸說

「很多爸爸不是不想做，而是不知道做什麼，或者不管做了什麼都會被指責。如果媽媽們嘗試跟爸爸分工，明確交代給爸爸一些專項育兒任務，並做到不插手，讓爸爸獨享一部分育兒的成就，那育兒效率和品質都會大大提高。」

除了親子閱讀，爸爸可做的事情還有很多。我們在家實踐蒙氏育兒需要透過設計房間、改裝現有的一些傢俱來滿足孩子當前的發展需要。受身邊德國爸爸的影響，我也嘗試做了一些木工活兒，如今也算是一項愛好了。得益於我的理工科背景，我還能隨時隨地給女兒進行科學啟蒙。有一次，我們去了熱帶植物園，正好看到水中漂浮的椰子，我就順勢給她講起經常讀的一本書《會旅行的種子》，她由此更具象地理解了什麼是藉由水來傳播的種子。

大多數爸爸由於工作的緣故，陪伴孩子的時間有限，然而在有限的時間裡，只要堅持，在育兒最關鍵的前三年，定能有無限的影響力。

全身心地和孩子玩遊戲

在孩子出生後的最初幾個月，如果爸爸媽媽不借助太多外力，而是二人協同作戰的話，很快就能摸索出嬰兒的生活規律，照料工作也會逐漸變得容易起來。很快，媽媽一個人就能輕鬆應對很多育兒工作，爸爸則能發揮出獨有的優勢，就是和孩子玩遊戲。

德國的一項研究顯示，父親在遊戲中的敏感性可以預測孩子的安全依戀關係。父親的這種敏感性表現為能接受孩子發起的遊戲，能根據孩子的能力調整自己的遊戲方式，對孩子的情緒表達做出的反應等。

下班後太累，有時候我也會偷懶，不時拿起手機來瞄兩眼，順便「逗」孩子，誰知孩子並不買帳，隔幾分鐘就要去找媽媽。在分工時間內完不成任務，我們兩個人都得不到休息，育兒效率也會大大降低。意識到這個問題，我就全身心地、投入地跟孩子玩遊戲，當孩子玩得盡興、滿足後，她便會安靜地享受一會兒獨處的平靜時光，之後的好長時間都不會「黏人」和「無理取鬧」。

為什麼母子遊戲無法取代父子遊戲？為什麼孩子依戀媽媽，但是更喜歡和爸爸玩遊戲？

我們觀察了很多父母與孩子建立親密關係的方式，發現大部分媽媽會透過肢體接觸，比如親吻、撫摸和語言交流的方式來與孩子互動，而爸爸更多的是透過遊戲互動的方式。媽媽也會和孩子玩遊戲，但是爸爸玩遊戲的方式與媽媽有很大不同。這些遊戲可能在媽媽看來過於激烈、危險，或者過於辛苦。

女兒從4個月大時就喜歡玩躲貓貓的遊戲，而我和妻子跟孩子玩躲貓貓遊戲的方式和強度相當不同，很明顯，女兒在和我玩遊戲時，活動量要大很多，而且更加興奮。

由於男性自身的成長經歷，爸爸們更習慣於接受運動中的身體碰撞和小痛小傷，可能也更少有畏懼心理，這些態度對孩子都有深刻的影響，能讓他們在未來生活中更加勇敢，更能積極面對挫折和挑戰。

妻子會非常有意識地放手讓孩子挑戰，但是在我看來，也許是因為在體力和高度上無法更自信地給孩子提供保護，媽媽仍然常常低估孩子的潛力。母女倆經常去戶外遊樂場，而我僅能在週末陪女兒去一次，但是女兒每次的突破性進步都是和我在一起完成的！事實上，大部分男性比女性在戶外更有優勢，更能鼓勵孩子進行有益的冒險，挖掘最大的體力潛能。

可以這樣做

我建議爸爸們可以跟孩子進行以下這些遊戲：

❶ 在家裡的遊戲，除了經典的躲貓貓，我們還經常玩吹泡泡、搔癢癢、鑽紙箱，還有拉毛毯，即讓孩子坐在毛毯上拉著走，以及坐飛機，即讓孩子坐在爸爸肩膀上升降，等等。

❷ 戶外活動就更多了，比如跑步、攀爬、游泳、騎各種車、踢球、堆雪人，等等。

在嬰幼兒時期，爸爸與孩子積極地互動遊戲能幫助孩子學會很多社交技巧和語言技能，幫助孩子更好地解讀別人的情緒，因為爸爸更瞭解怎樣行之有效地在遊戲中獲得快樂，而不是相互傷害。與爸爸在一起的這些經驗還能幫助孩子有效地參與同伴群體的活動中，而這會更深刻地影響孩子的認知、社交、情緒等多方面的發展。

曾經有一個研究老鼠的實驗。老鼠是群居動物，一窩老鼠中有一隻鼠王。實驗發現，經常和其他老鼠打鬧的幼鼠會學會以靜止不動的方式避開鼠王的攻擊。如果我們禁止幼鼠和其他老鼠打鬧，牠們就無法獲得更多的社交經驗，常常會引起爭鬥，也容易引起鼠王的攻擊。不僅如此，牠們在走迷宮找食物的實驗中，也比其他老鼠行動緩慢。

與爸爸一起多運動，這對男孩來說更加重要，因為男孩更喜歡肢體方面強度更大的活動，他們精力更加旺盛。父親更傾向於和孩子玩更刺激的遊戲，這樣的遊戲能夠幫助孩子們在未來更加勇敢地探索環境、挑戰自我。我們總說教養方式要注重個體差異性，這其中當然包括性別差異，父親在男孩的教養上尤其重要。美國社會學家司科特・科爾特蘭（Scott Coltrane）透過觀察發現，媽媽的社會地位越高，爸爸對育兒的參與程度就越高，而且爸爸媽媽會一同參與做出家庭的重大決策。在這種家庭氛圍影響下成長起來的男孩，更早地切斷了與母親深層的自我認知連接，透過男性特有的行為方式與父親建立起了深層的情感。多與爸爸玩遊戲，能幫助男孩模仿爸爸成為小小男子漢。

遊戲對女孩同樣重要。和爸爸一起玩遊戲是女孩們最好的體育鍛鍊，能讓她們更加健康、活躍，更少受到社會上對女性片面、局限的性別定位。

蒙氏爸媽高效合作育兒

爸爸們要盡量避免在育兒工作上跟媽媽進行權利爭奪，育兒不是競技。父母二人，誰是主要的觀察者和陪伴者，誰便是育兒的權威。理想情況下，能堅持民主當然最好，然而現實條件下，兩個人能在育兒的根本理念上達成一致就可以，在育兒細節上，只聽從一方的意見效率最高，我們應該更相信陪伴孩子時間更多的那個人。永遠沒有一百分的爸爸或媽媽，而如果兩個人配合默契，就會有一百分的家庭教育。

蒙媽日記

有一天女兒反反覆覆在浴室用肥皂洗手不出來。爸爸擔心她洗太久，手都要搓破了，要她快點從浴室出來。當然了，女兒無動於衷，洗得更帶勁了。我知道跟孩子說「不要幹什麼」的話一點用都沒有，反而會讓她對這件事更有興趣，於是我對女兒說：「你洗吧，洗得不想洗了再出來。」然後我大聲對爸爸說：「咱們倆一起讀那本《伊莉莎白去醫院》的故事吧！」爸爸迅速配合，大聲說：「好啊！」

於是我們倆開始「聲勢浩大」地讀起了繪本，不到兩秒鐘，小不點就噔噔地跑過來擠到我們中間開始聽故事了。

配合「演戲」育兒效率奇高，但在孩子表現出不好的行為時，我們也要迅速站成一隊，讓孩子明白行為的底線。我們不贊成「一個扮黑臉，一個扮白臉」的做法。

蒙媽日記

女兒今天下午吃了太多零食，晚餐沒胃口，就開始「天女散花」。

爸爸大聲制止道：「不可以扔食物！」很少看到爸爸這麼嚴厲，女兒開始眼淚汪汪地哭著叫媽媽，還氣急敗壞地繼續扔。

我一直在廚房，聽到聲音趕緊過去，控制住女兒正在扔食物的雙手，把她抱下餐椅，用堅定的語氣說：「爸爸說得對，不可以亂扔食物。」女兒更加委屈地哭，我用稍微緩和的口氣安慰她，「我和爸爸都愛你，也知道你現在很不高興，但是不接受你扔食物的行為，吃飽了就可以告訴爸爸『吃飽了』，說出來。」

我們家在育兒細節上有意見分歧的時候，我會第一時間不假思索地認可媽媽的做法，因為在我看來，和諧和效率勝過強調對錯。我們只在孩子不在眼前的時候探討遇到的分歧，如果無法得到統一的解決方法，我就盡量「裝睡」。

蒙媽日記

今天累了，我和爸爸都想休息一會兒，於是給永不疲倦的女兒準備了洗小內褲的工作。她一個人在浴室忙。

不一會兒，女兒提著一條濕淋淋的內褲掛在晾衣架上，又急急忙忙去洗第二條。晾衣架下面的底盤裡滿滿的都是水，馬上要溢出來了。

洗到第三條時，沉浸在手機中的爸爸突然發現一排濕淋淋的小內褲，條件反射地說：「不行不行，這要擰乾……」

我立刻按住爸爸說：「瞧瞧這小內褲洗得多乾淨，蔓蔓長大了！」

女兒看著自己的勞動成果，竟然開心地鼓起掌來，又衝進浴室洗更多的內褲去了。

其實我也是花了很大力氣才忍住當著孩子面兒擰乾小內褲的衝動，沒有洗乾淨的小內褲和可能被浸泡的地板遠遠沒有女兒的滿足感和自豪感重要。

這則日記中媽媽沒有寫到的是，當女兒再次回到浴室的時候，我悄悄跟媽媽建議過：「你可以示範她怎麼擰乾呀！地板都要泡水了！」可媽媽只是搖頭，沒有解釋更多，因為女兒又來晾衣服了。我當時沒有理解妻子的做法，一個勁兒地心疼地板，但也只是埋頭看手機，裝作沒看見……

花時間少的一方應該透過觀察對方與孩子的互動，並且常與對方交流孩子的情況，在一定程度上彌補自己陪伴時間的不足，以此更有效率地解讀孩子的語言和需求。有時因為工作繁忙，我陪孩子的時間比較少，等閒下來了，突然積極地和她玩遊戲時，就經常因為生疏而產生問題。記得在女兒剛開口說話的階段，我經常無法理解她的「外星語」，女兒就會很懊惱，然後向媽媽求助。有時甚至因為不瞭解，我還經常誤會孩子。

蒙媽日記

前兩天開始，德國進入了夏天，非常熱。帶女兒去玩水，那裡有好多大孩子玩水槍，不小心噴到了她臉上，她哭得很傷心。我安慰她說，我小時候也玩水槍，和小夥伴打水仗。

天熱的時候，水灑到身上可舒服了。

週末在家洗澡的時候玩水槍，從來都是往池子裡噴水的女兒突然就往爸爸身上噴，爸爸很嚴肅地告訴她：「不能用水槍衝著別人！」

女兒馬上傷心地哭了，叫：「媽媽媽媽……」

爸爸說：「要不你問問媽媽，看看能不能這樣做。」

我過來瞭解了原委後，才知道是個誤會。解釋了一通後，爸爸說：「原來你不是故意的，原來你以為在打水仗啊。」

女兒這下感覺被理解了，如釋重負。我告訴她只有在打水仗的時候才能衝著別人噴水。

後來反思，平日有多少事情我們誤會了孩子呢？肯定不少。多和孩子在一起，才能盡可能地不誤會這個還不會用語言來為自己辯解的小朋友。

每當沒有太多時間陪女兒的時候，我就會閱讀媽媽的家庭觀察手記，瞭解孩子最新的發展狀況。

爸爸陪伴時間過少不僅難以與孩子實現同調互動，更糟糕的是還會影響與孩子的親密聯結。很多爸爸抱怨孩子只黏媽媽不黏爸爸，爸爸一抱就大哭大鬧，根本原因就是和爸爸不熟悉。在這種情況下，爸爸更要多和孩子全身心地玩遊戲，在一定限制範圍內給他們更多嘗試體驗的自由。但遇到需要立規矩的時候，還是先把孩子交給媽媽。只有建立親密關係後，爸爸才有資格「教育」孩子。

在我們家，我還經常和女兒做一些媽媽不常和女兒做的事情，比如修車、種植等，讓女兒感覺這是和爸爸在一起的「特權」。

蒙媽日記

我在臥室看書，只聽到女兒在客廳「噔噔噔噔」跑來跑去的聲音。
爸爸說：「我要修下自行車。」
女兒噔噔跑過去說：「我來吧。」
爸爸說：「我要去種葫蘆。」
女兒噔噔跑過去說：「讓我來吧。」
總之外邊始終就是「噔噔噔噔」很重的腳步聲和複讀機一樣發出「我來吧，我來吧」的聲音。
很多人問我蒙特梭利教育到底是怎樣一種理念，我以前都會「呱噠呱噠」說一大堆，今天突然想來，其實答案很簡單，就是聽見孩子「讓我來吧」的聲音。

在所有哺乳動物當中，人類的兒童期最漫長，人類的孩子也最脆弱。透過生物進化，大部分哺乳動物只需要父母一方負責養育工作，而人類需要很長時間的照顧才能獨立行走、吃飯和生活，嬰幼兒需要特殊周全的照料才能長大，進而獨立面對世界。因此，與其他哺乳動物不同的是，養育子女是人類父母雙方共同的職責，我們需要透過互助合作來完成這一艱鉅而神聖的任務。

科學實證

瑞士的一位研究者做了一項關於爸爸、媽媽和3個月大孩子的三角關係的研究。家庭中的三個人以三角形的方位坐下來，孩子能看見媽媽，也能看見爸爸。爸爸媽媽輪流和孩子玩遊戲，整個過程會用錄影機錄下來。最後從錄影中能看出不同的夫妻關係，有的是明顯的競爭關係，其中一人總是試圖讓孩子始終關注自己，還會經常打斷另一個人與孩子互動的過程，另一個人總是難以找到表現的機會，處於被忽略的地位，於是很多人就開始走神、表現得無聊，甚至坐立不安。而3個月大的孩子，有的竟然會不時地去看另一位被忽略的家長，好像在期待他／她的加入。

而有的夫妻關係屬於合作式，他們始終將注意力放在孩子身上，即使在對方主導遊戲的時候，也不會輕易去打擾，而主導遊戲的一方會不時地與另一方進行眼神互動，鼓勵另一方在合適的時機加入。父母懂得分工合作，對孩子社交能力的培養助益很大。

在西方社會，婚姻幸福的父親和孩子在一起的時間更長，溝通更有效，而父親的不參與往往容易導致婚姻失敗。夫妻關係是否和諧會直接影響到親子關係的品質，因此作為父親，我們首先應該經營好自己的婚姻生活，這是家庭生活所有內容的基礎。

我翻閱了幾乎所有關於父親角色的研究，所有的結果都證實了父愛的力量。如果一位父親不知道該怎麼做，那接下來的實踐篇會告訴你我們所做的一切。成為一個好父親一點都不難，關鍵在於你是否願意。

Part 2

實踐篇

陪孩子走過生命中最重要的前三年

第5章

0~5個月，手把手帶你在家蒙特梭利

蒙氏爸媽私家設計圖紙

注：左上角為活動區，右上角為餵養區，
左下角為護理區，右下角為睡眠區。

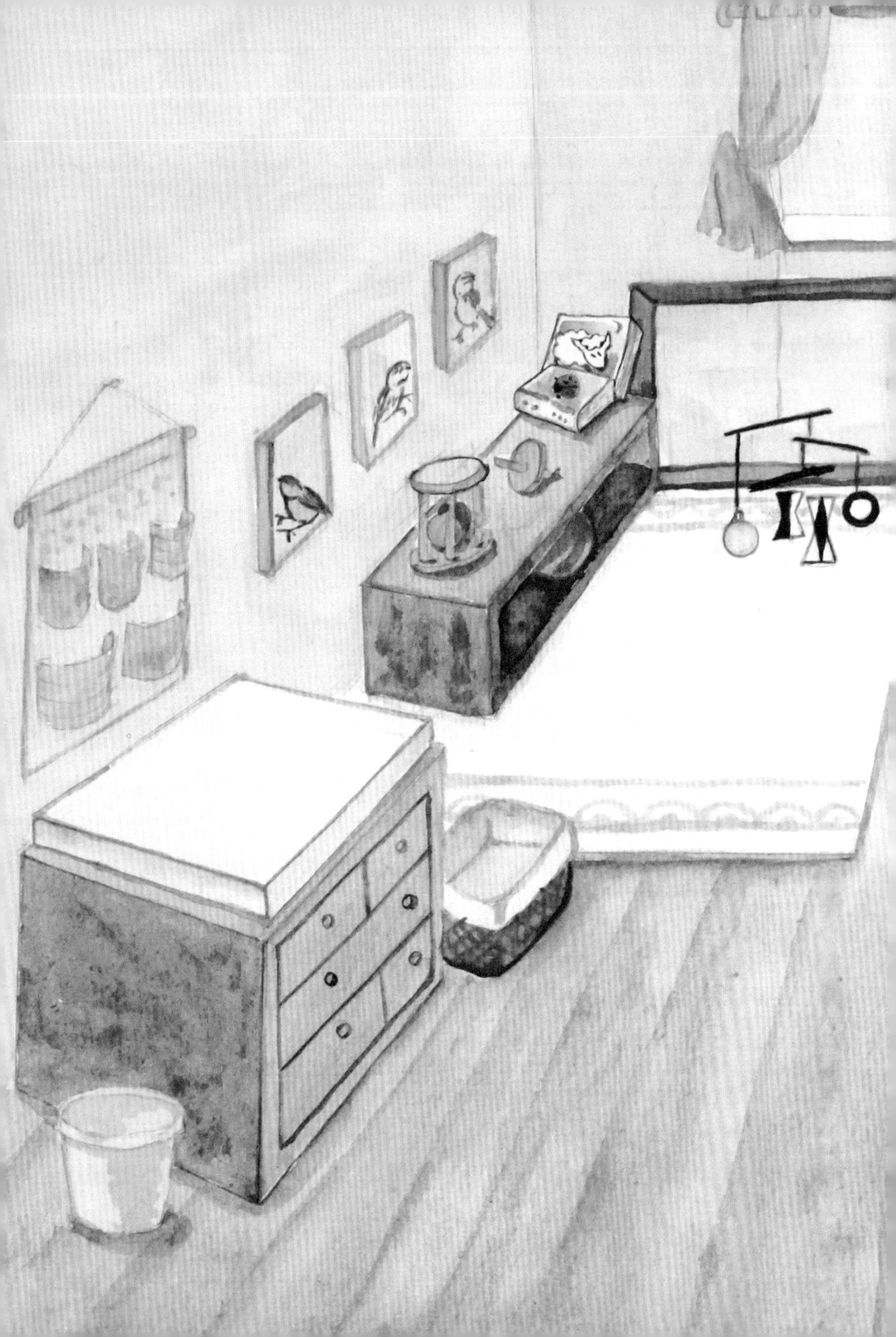

蒙氏寶寶成長觀察手記

1個月

大動作	●趴著的時候可以稍微抬起頭 ●躺著的時候手舞足蹈 ●聞到或者嚐到特殊的味道會做鬼臉 ●莫洛反射[5]明顯
手眼協調	●目光可以鎖定到距面部20～25公分的物體 ●目光可以跟蹤眼前近距離移動的物體 ●喜歡盯著有亮光的地方，比如燈和窗戶 ●可以把手放進嘴裡，但是還無法真正控制手的動作 ●抓握反射[6]明顯
語言	●用不同的哭聲表達不同的需求，有表達餓的哭聲、表達無聊的哭聲、表達疲倦的哭聲、表達不舒服的哭聲 ●高興的時候會發出不同的聲音，手舞足蹈 ●和她說話或者唱歌的時候，她會發出很多類似「ai」或者「en」的音，反應積極
認知	●喜歡觀察周圍的環境 ●著迷於眼前的事物，比如黑白吊飾，以及天花板上的燈 ●在眼前消失的事物再次出現時能認出來 ●能識別家庭成員的聲音
社交	●喜歡被撫摸，喜歡人的笑臉 ●會盯著爸爸媽媽的眼睛看 ●洗澡的時候開始放鬆，會用腳拍打水花 ●開始模仿爸爸媽媽伸舌頭

---

5 莫洛反射（Moro Reflex）是一種新生兒反射，由奧地利兒科專家歐內斯特・莫洛（Ernest Moro，1874-1951）首先發現和描述。當變換嬰兒的位置或姿勢時，他會出現雙手迅速向外伸張，然後再復原做擁抱狀的動作。

6 抓握反射是指任何接觸到手掌和腳掌的物體，都會立刻引發嬰兒做出反射性動作，將手握成拳，緊緊抓住放進手中的物體。

2個月

大動作	●開始能在一定程度上控制自己的四肢 ●能抓住一會兒小物體 ●趴在活動墊上的時候能抬起一會兒頭 ●爸爸媽媽抱著的時候也能抬起一會兒頭 ●反射活動明顯減少
手眼協調	●開始控制自己的手，手指比原來放鬆、柔軟 ●喜歡觀察自己的手 ●抓握反射減少 ●能抓住眼前的一個物體，然後放在臉旁 ●開始想要拍打眼前的玩具，但是還拍不著
語言	●放鬆的時候會發出重複的母音，比如「aaa」或者「ooo」 ●突然聽到某種聲音時，會朝聲音來源的方向看 ●會觀察跟她說話的人的動作和表情 ●當爸爸媽媽對她發出的聲音做出回應時，她會發出更多類似的聲音
認知	●喜歡聽音樂 ●偶爾能睡整覺 ●聽到洗衣機或者汽車的聲音時會感到放鬆，容易睡著 ●看到澡盆裡的水就會非常激動 ●喜歡看有人臉的玩偶
社交	●在她第一次微笑後，如果爸爸媽媽也微笑，她會再次微笑 ●喜歡讓周圍的人都關注她 ●如果爸爸媽媽和她玩，醒著的時間會更長 ●一個人的時候，也能透過觀察周圍、拍打等方式自娛自樂地玩一會兒 ●吃奶的時候更加注意和爸爸媽媽的交流，注視著爸爸媽媽的眼睛

3個月

大動作	●能趴更長時間，能抬頭更長時間 ●可以自己從趴著變成躺著 ●很喜歡爸爸媽媽將她豎直抱起，這樣能更好地控制頭和脖子 ●能用腳很有力地踢
手眼協調	●眼睛能追蹤房間裡走動的人 ●嘗試伸手搆眼前的物體 ●若把物體放在她手中，她會緊緊抓住 ●很專注地看書上的圖案，並伸手想要觸摸 ●很專注地看眼前的物體，試圖將其放在嘴裡進行探索
語言	●經常長時間地享受發出高而尖的聲音，像海豚一樣 ●當聽到新的聲音時，哪怕很微弱，都會靜下來聽 ●喜歡聽爸爸媽媽給她唱歌 ●能「咿咿呀呀」幾分鐘
認知	●發現用自己的手能讓眼前的物體動起來，或者發出聲響，並試圖重複這個動作 ●能聽出熟悉的音樂 ●爸爸媽媽張合嘴巴，她會跟著模仿 ●專注觀察眼前顏色鮮豔、能輕微轉動的吊飾 ●能認出不同的家庭成員
社交	●喜歡大家關注她，照顧她 ●會透過聲音和動作吸引大家關注 ●面部表情更加豐富 ●哭得越來越少，笑得越來越多

4個月

大動作	●身體可以自由地轉到左邊或者右邊 ●豎直抱起來的時候，腦袋不再晃動，而且能夠朝不同方向轉動 ●反射活動幾乎消失
手眼協調	●能捕捉、拍打眼前的物體 ●能將一個物體從一隻手轉到另一隻手上 ●使勁搖晃手裡的小物件，然後非自主地扔下 ●能看到很遠的距離，接近成人的視力
語言	●看到眼前好玩的事物會「咯咯咯」地笑 ●透過發出「咿咿呀呀」的聲音來吸引爸爸媽媽的注意 ●會仔細地聽周圍的聲響
認知	●如果眼前的一個物體突然消失，會一直盯著消失的地方看 ●能記得怎麼玩已經熟悉的玩具 ●會注意看鏡子裡的自己 ●白天只睡兩三覺了 ●會認真地盯著眼前書裡的圖片看，有時會伸手嘗試觸碰 ●對漸變色的吊飾也有濃厚的興趣
社交	●會用不同的表情吸引大人的注意力 ●喜歡盯著看大人吃東西 ●感覺開心的時候會自發地笑出來，搔癢癢時會大聲笑 ●常會因為無聊哭鬧著要出去 ●給她唱歌的時候會很享受

餵養區設計精髓：布置溫馨舒適的哺乳沙發區域

孩子出生後的前幾個月，哺乳會占據媽媽大量的時間，建議媽媽們盡可能在固定的地方哺乳。應把餵養區布置得溫馨舒適、安靜優美，遠離手機和電視，以使媽媽全身心投入哺乳的美好時光，因為哺乳過程是親子之間建立感情的重要時刻。

媽媽們可以選擇一個足夠舒適的哺乳沙發，同時可以借助哺乳枕和腳凳來調整哺乳姿勢。這個哺乳沙發可以安排在視野比較好的窗邊，媽媽可以一邊哺乳，一邊放鬆地欣賞窗外的風景。

哺乳沙發旁邊可以放一張桌子，在桌子上放置一盞亮度較暗的檯燈用於夜晚餵奶，同時放置一杯水、一本書以及家庭觀察手記等。這樣，媽媽在餵奶過程中就不需要再起身拿東西了。

母乳餵養vs.奶粉餵養

母乳是嬰兒最理想的食物，這一點毋庸置疑，尤其是在發展中地區以及存在食品安全問題的地區。我認識的大部分華人媽媽都有很強烈的母乳餵養意願，她們至少願意為之堅持4～6個月。不過關於如何科學進行母乳餵養，以及如何應對不能全母乳餵養的愧疚，都是很少涉及的話題。

我們先來談談如何科學進行母乳餵養。孩子出生後，應盡早將他放在自己身邊，親密接觸以練習吸吮，即使條件不允許，我們也要盡最大努力。因為生產之後即刻的生理刺激會引起媽媽大腦中的下垂體分泌泌乳素，幫助乳汁分泌，所以開始得越早越有效，太晚開始或者中斷之後再繼續都會更加困難。

生產之後的4～5天，媽媽最初分泌出的淡黃或是金黃色的母乳，我們稱之為初乳。這是一種驚人的食物，是媽媽能夠給予新生兒最珍貴的瓊漿玉液。初乳含有非常豐富的蛋白質，卻不含脂肪，還能幫助新生兒胃腸蠕動、排除胎便。凱麗．史密斯（J. Kelly Smith）醫師是美國紐約曼哈塞特北岸大學醫院的傳染疾病及免疫科主治醫師，她認為即使只堅持母乳餵養幾週，也可以給孩子帶來很大的保護，讓孩子在一段時期內能夠免於得傳染病和過敏。

希瓦娜．蒙塔納羅（Silvana Quattrocchi Montanaro）博士在《生命重要的前三年》（*Understanding the Human Being*）中寫道：

> 初乳中的蛋白質含量豐富，是一般奶水的七倍。附在蛋白質內的抗體，能立即對新生兒提供保護。雖然新生兒在孕期最後兩個月已經從母體中收集了很多抗體，但是如果新生兒沒有繼續每天吸收足夠的母乳，那些抗體還是無法保護嬰兒很久。

在孩子出生後的最初幾週，我們建議按需餵養，但是在這個過程中要透過觀察，逐漸瞭解孩子的不同哭聲所代表的意義。用不了多久，我們就會發現孩子饑餓的哭聲有別於其他哭聲，到那時就不會再手忙腳亂，孩子一哭就把乳頭或者奶瓶塞進他嘴裡了，應避免將餵奶變成安撫孩子的主要方式。最初的觀察意識非常重要，這決定了我們未來很長一段時間內的育兒之路是否能順暢。

按需餵養，意味著在孩子醒著且有意願的時候，媽媽要盡量坐在哺乳沙發上，讓孩子的臉貼近乳頭，讓孩子自己主動含住吸吮，不能硬塞。這是孩子來到這個世界上，與母親建立平等、相互尊重關係的第一步。

新時代的親子關係需要從孩子一出生就開始培養，如果我們不曾有過這樣平等、相互尊重的家庭關係，那更要從最開始就有意識地修練。對

於這個階段來說，餵養的過程決定著親子關係的模式，我們要愉悅地享受，愛意濃濃地與懷中的小寶寶對視，這樣的甜蜜互動一定會滋養出更多的乳汁。

按需餵養的同時，我們要記錄寶寶每次吃奶的時間和量，正常情況下，孩子每天吃奶的時間會逐漸固定，間隔也會逐漸拉長，一段時間後，我們就能總結出規律，自然也就能實現按時餵養了。

我們再來談談無法進行母乳餵養的情況。當然，能夠如上進行母乳餵養一定是最理想的情況，然而現實中總有各種主觀或客觀原因讓很多媽媽無法給孩子提供母乳。華人的新手媽媽往往很難坦然接受育兒路上的這第一個不如意，這往往也是華人的社會文化所致，周圍的很多親朋好友以及「過來人」都會或多或少地給媽媽們施加壓力，希望她們不要放棄母乳餵養。

不可思議的是，法國的母乳餵養率要比我們想像的低很多，法國社會事務部和衛生部屬下研究調查評估及統計局（DREES）二〇一六年公布的最新統計資料顯示，在法國，66％的新生兒可以接受到母乳，但是11週時已降至40％，4個月時降至30％，6個月時降至18％。

實際上，即使奶粉無法像母乳那樣給孩子提供最完美的營養，但只要孩子能吃到可靠的奶粉以及營養均衡的副食品，就像大多數法國孩子一樣，依然能健康成長。傳統心理學認為，餵養是嬰兒與母親建立依戀關係的重要過程，於是很多人就自然而然地認為，母乳餵養的孩子才能與母親建立起安全的依戀關係。其實，這種以餵養為基礎的依戀理論早已被推翻了。

科學實證

二十世紀五〇年代，美國威斯康辛大學動物心理學家哈里．哈洛做了個著名的實驗[7]，他和同事們把一隻剛出生的嬰猴放進一個隔離的籠子中養育，並用兩隻假猴替代真母猴。這兩隻代母猴分別是用鐵絲和絨布做的，「鐵絲母猴」胸前特別安置了一個可以提供奶水的橡皮乳頭。實驗發現，即便「鐵絲母猴」能提供奶，小猴也不喜歡長時間靠近它，而只喜歡待在沒有食物提供的「絨布母猴」身邊。

由此可見，給孩子提供持續溫暖的愛才是建立健康依戀關係的決定性因素。因此給奶粉餵養媽媽們的建議就是：即使用奶瓶餵養也要親自懷抱著孩子，溫柔地與他對視，使用流量適中的奶嘴，以此彌補親密機會的不足。

我們當然提倡所有母親都要盡最大努力為孩子提供完美的母乳，不過如果做不到，或者實在無法堅持，也不需要給自己增添過多無謂的心理負擔。育兒是長跑，習慣接納不完美，你才能在這場長跑中以最佳狀態堅持到底。

添加副食品早準備

經過3個月的親密餵養，大多數孩子和媽媽都會非常享受這樣的美妙時光，並希望無限延長下去，然而為了孩子的身心健康發展，為了未來能順利地斷奶以及添加副食品，我們不得不在每個重大轉折階段到來之前就開始做相應的長線準備。

從孩子3個月大開始，我們就可以用小勺子給他品嚐一點當地當季的新鮮果汁，比如蘋果汁、梨汁等，不要選擇太酸的檸檬汁或者太甜的草莓汁。媽媽可以將孩子抱在懷裡，用勺子輕輕碰觸他的嘴唇，當他張開嘴巴時，可將果汁一點點地滴到他的舌頭上。這樣做的目的是讓孩子嘗試一些除了母乳或奶粉以外的可口味道，並不是為了提供營養。第一次嘗試新鮮的口味，孩子往往會做鬼臉，這不代表他不喜歡，嘗試兩三天後，他就會逐漸喜歡並期待這些新的味道。

剛開始時，可以每週給他品嚐一種當地當季的新鮮果汁，一個月後，我們還可以添加一兩勺母乳或奶粉調和的蛋黃。

等孩子快到5個月時，我們就可以讓他坐在我們懷裡，用自己的小手啃一塊烤饅頭片或者硬麵包。這時孩子對食物的興趣已經越來越濃厚，我們要密切觀察各種正式添加副食品的信號。

---

7 普立茲獎獲獎作者黛博拉・布盧姆（Deborah Blum）在《孩子，怎樣愛你才對》一書中，詳述了史上極具傳奇色彩的心理學家哈里・哈洛（Harry Harlow）所做的這個實驗，哈洛用一段近乎殘忍的心理學歷史，擊碎了曾經難以撼動的教養權威觀念，帶來最光明與溫暖的教育改革。——編者注

睡眠區設計精髓：使用嬰兒提籃

關於新生兒應如何睡覺，每種文化、每個家庭都有不一樣的方式。我們是一個傳統的華人家庭，於是在家實踐蒙特梭利教育的時候，便摸索出了一套華人容易接納和應用的蒙氏睡眠法，供新手父母參考，具體應用時，每個家庭還可根據自己的實際情況加以調整。

蒙氏嬰兒床

麗絲．艾略特博士在《小腦袋裡的祕密》（*What's Going on in There*）中寫道：

> 如果給早產兒提供一個「類似子宮」的環境，將他們安置在比較安靜且黑暗的保溫箱裡，以近似胎兒的屈身姿態放在特製的舒適睡袋中，其健康狀況、發育速度以及日後

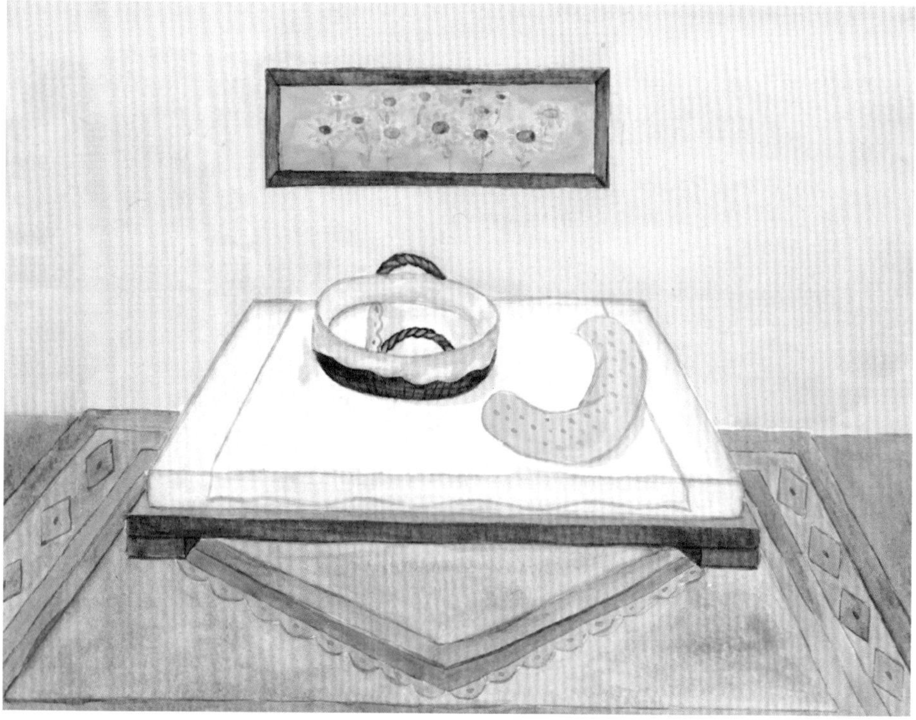

的智商分數都會比安置在傳統式新生兒加護病房（燈光明亮、雜訊多、保溫箱太寬敞）表現要好。

早產兒如此，新生兒也一樣。由於新生兒大部分時間都在睡覺，所以我們也需要為新生兒特別準備一個類似子宮的睡眠環境，同時要注意保證房間足夠溫暖，燈光不能太亮，也不能有太強烈、太突然的雜訊。

我們推薦新生兒使用嬰兒提籃，這個提籃要模仿母親子宮的環境，因此不能太大，用到孩子2～3個月大即可；為了不阻礙視線，同時保證呼吸暢通，也不能太深。

嬰兒提籃完全可以自製。首先準備一個結實的、不超過80公分長的帶把手的籃子，然後從下到上依次放入床單、厚床墊、隔尿墊、嬰兒抱枕。我們藉由逐層加高的方式讓嬰兒高出提籃邊緣，並使嬰兒的頭一側高於腳一側，稍微向上傾斜。這樣，新生兒在睡眠中即使溢奶、吐奶也不會回流到口腔、鼻腔，有助於呼吸暢通。

尤其是嬰兒和父母同床睡眠的時候，提籃可以在一定程度上將嬰兒與成人隔離，以防寶寶在父母中間吸入太多二氧化碳、不小心被父母壓到，或是被厚重的被子捂住。雖然這樣沒有讓孩子獨立睡眠那麼安全，但是也在一定程度上減少了和父母同床的各種風險。

每次將嬰兒抱起的時候最好連同嬰兒抱枕一起，在不同人之間轉手也是

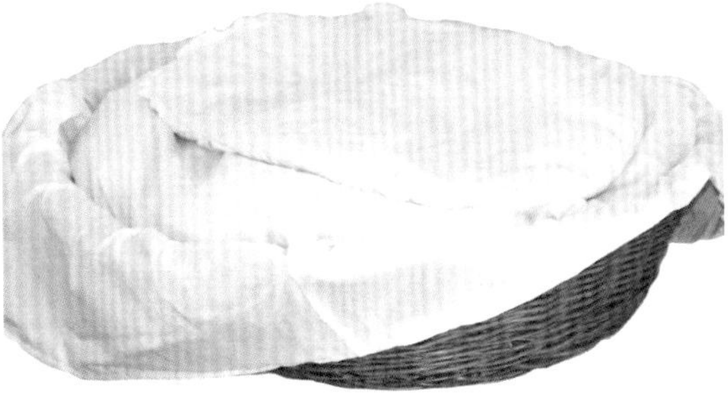

一樣，這樣不會驚嚇到新生兒，嬰兒抱枕上熟悉的氣味也會讓他有不少安全感。

我們還可以將提籃提到不同的房間，可以一邊做家務或者一邊會客一邊照看嬰兒，這樣嬰兒就可以一直待在我們身邊。

如果一開始就將新生兒放置在一個大大的帶有圍欄的嬰兒床裡，他們往往喜歡蜷縮在一個小角落，這與在提籃中被包圍的感覺差別太大，有的嬰兒很可能為此不願意入睡，於是很多父母就不得不抱著他們睡。小小提籃，會給寶寶一種非常安全的待在子宮裡的感覺。而且相比於普通帶有圍欄的嬰兒床，提籃不會阻礙嬰兒視線，嬰兒醒來後可以輕鬆看到周圍環境，以便在視覺敏感期刺激嬰兒視力發展。

孩子出生後的前2個月是母子共生期，這段時間媽媽可以躺在嬰兒提籃旁邊，這樣有利於及時反應，方便夜間頻繁餵養。用不了6週時間，尤其當嬰兒分清了白天、黑夜，夜晚睡眠時間逐漸變長以後，照顧者就可以逐漸減少陪睡時間。早期有意識地給嬰兒提供獨立睡眠的機會，在未來，成人和孩子都會受益無窮。

在嬰兒房，我們可以準備一張矮床，空間允許的話，建議準備一個一・五公

尺寬的雙人床墊，下面加一個無腿或者短腿的床架，這張矮床的高度要能滿足兩個條件：一是孩子滾落下來不會有危險，二是大人睡在上面感覺也比較舒適。

可以在矮床上準備一到兩個哺乳枕，方便媽媽偶爾夜間臥床哺乳。為避免讓孩子養成「奶睡」的習慣，媽媽還是要盡量在餵養區的沙發上哺乳，等孩子可以獨立睡在矮床上時，便可將哺乳枕放在床邊做保護。

當感到嬰兒提籃太小、嬰兒翻身活動頻繁時，就可以撤走提籃，讓孩子直接睡在矮床上了，同時可以在床邊鋪上厚厚的地毯，防止孩子掉下來受傷。如果地板衛生、乾燥，最好將床架直接撤離，變成落地床，這樣不僅安全，也有利於孩子不久後自己獨立上下床。

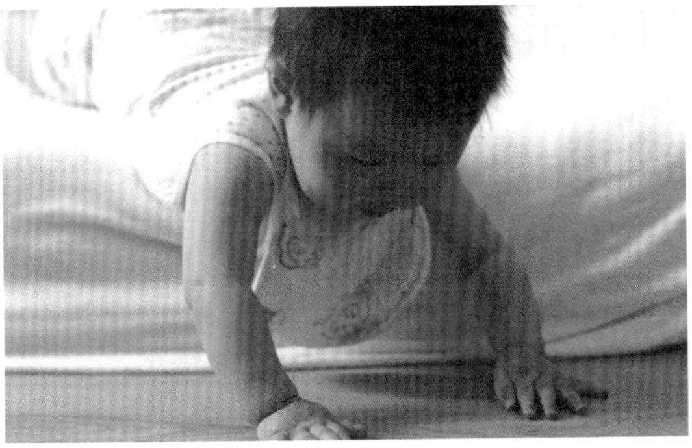

幫助新生兒區分晝夜

對新生兒來說，我們要做的首先就是幫助他區分白天和黑夜。在白天，盡量將房間弄得敞亮些，在寶寶醒著的時候讓他玩，經常推他出去散步；當夜晚降臨，就不要再和他玩令他興奮的遊戲，只保留一點微弱的燈光，餵奶盡量在昏暗的環境中進行，不要和他說太多話，進行固定的睡前程式，如洗澡、按摩、換睡衣、睡前閱讀、親吻愛撫等。孩子很快就會明白，只有在天亮的時候才能玩，天一黑就要睡覺了。

寶寶半夜醒來時，最好先觀察、等待，如果他無法重新入睡，可以輕柔地撫摸他，輕輕地說幾句話，看他是否能平靜下來繼續入睡，不要直接將他從床上抱起來。在正常的規律作用下，孩子夜睡時間會自動加長，夜睡和日睡會成為完全不同的模式。

尊重嬰兒的睡眠規律

從懷孕時起，胎兒在媽媽肚子裡便有了自己的生理時鐘，因此寶寶出生後，我們要尊重他本來的節奏，讓他想睡就睡，即使出門在外，也可以讓寶寶睡在推車裡。新生兒每天吸收的新鮮內容太多了，他需要不時地休息，日間超出負荷的刺激會給他造成睡眠紊亂。嬰幼兒不像成人，白天睡得少了，晚上還能補回來，也不能為了讓他睡得更好而隨意將孩子的睡眠時間推遲。更不要輕易叫醒一個正在熟睡的寶寶，不管是為了換尿布還是為了餵奶，或者只是看看他是否一切都好。要知道，嬰兒在睡眠的時候成長最快。

蒙媽說

「嬰兒的生理時鐘非常精準，為了能夠盡快掌握，父母可以透過觀察，將孩子所有的睡眠時間都記錄下來，從中總結規律，在孩子發睏之前便及時準備好睡眠環境。」

我們反對對孩子進行嚴苛的睡眠訓練，尤其在嬰兒早期，這樣的訓練會給嬰兒造成很多無法預估的精神創傷。不過我們建議父母建立科學培養孩子健康睡眠的意識和能力，很多父母不懂得嬰幼兒的睡眠規律而對嬰幼兒的哭鬧過度回應，干擾了孩子本來的睡眠節奏，剝奪了嬰兒獨立入睡的機會，日久天長便會製造出很多睡眠問題，父母也會因此精疲力竭而無法給孩子提供高品質的日間陪伴。

與成人不同的是，嬰兒睡眠中的快速眼動期（rapid eye movement，簡稱REM）很長，這時他們看起來處於似睡非睡的狀態，有的孩子會完全睜開眼睛，有的孩子會哭著笑著做鬼臉，這時候不要著急去打擾他們甚至餵他們吃奶，他們正努力在兩個睡眠階段之間過渡。如果你擅自打斷孩子的睡眠週期，那他們就會自動程式化，每到這個點必醒，等待被抱或者餵奶。因此，在聽到寶寶的哭聲做出回應之前停頓幾秒觀察一下很有必要，可以給寶寶留下自我調適的空間。

哭聲免疫不可取，但是在聽到哭聲後要冷靜下來、停頓幾秒，觀察、分析嬰兒哭聲背後的真實需求。嬰兒在出生後的最初幾個月只有很少的情緒意識，他們的笑也許並不代表他們感受到了快樂，他們的哭泣也並不一定代表他們難過，只要我們能持續、穩定地給予嬰兒滿滿的愛，他們的情緒發展整體上就會是良性的，因此父母，尤其是媽媽，要學會逐漸接納孩子的一些哭聲。

建立穩定的日常作息和睡前程式

每天堅持規律的排程和重複固定的睡前程式對嬰幼兒的睡眠很重要，這樣他們就可以預測到接下來要幹什麼，也有助於幫他們建立更好的安全感。在最初的幾個月，睡前程式不宜太長、太複雜，而且不管是誰來照顧嬰兒，都要遵守固定的流程。

逐步取消夜奶

區分晝夜後，我們就可以幫助孩子延長夜睡時間，逐步取消夜奶。法國嬰幼兒睡眠專家認為，嬰兒一般在第4週的時候就不需要很頻繁地吃夜奶了，直到2個月大，他們便能很自然地取消夜奶了。

我們沒有必要按這個標準來要求自己的孩子，但是我們有必要瞭解嬰兒大概何時應該具備怎樣的能力，然後給孩子創造機會，去發現他們身上的這些能力。為此，父母不得不在知識和心態上做好全方位的準備。我們要相信自己的孩子，敏感、溫柔地給予孩子發現和適應的機會，只要孩子身體健康，最晚到6個月的時候，就完全能夠在白天吸收所有需要的營養，徹底取消夜奶。法國專家幾乎全部堅持認為應在寶寶不需要夜奶的時候逐漸給他斷掉，這對寶寶是絕對有好處的，因為額外地加夜奶會讓寶寶夜間腸胃不適，難以平靜，也不利於副食品的順利添加，容易造成營養失衡。長期吃夜奶的習慣也容易帶來肥胖和齲齒，還會影響媽媽的睡眠和孩子的獨立成長。

將睡覺和吃奶分開

奶睡習慣是取消夜奶的很大障礙。對新生兒來說，睡覺和吃奶是難以分開的，但是作為父母，尤其是母親，要始終有將孩子睡覺和吃奶分開的準備和努力。

法國媽媽常用的方法就是，寶寶一醒來就餵奶，新生兒一般在吃過第一頓後還需要小補一餐才能吃飽。吃飽之後，孩子就會呈現出「酒足飯飽」的安詳狀態，給他換好尿布後，我們要好好利用這段時間和孩子互動，增進親子感情，刺激孩子各方面發展，可以將他放在活動墊上讓他自己探索，也可以和他聊天、給他唱歌，總之要以各種方式讓他醒著。這段時間過後，孩子就累了，開始表現出疲憊、煩躁的狀態，還可能會莫名其妙地哭，這時我們就知道他是想要休息、想要安撫、想要睡覺了，而這次孩子需要更長時間的睡眠，等他醒來後，再重複這一過程。

如果我們能每日堅持這個節奏，孩子就會感到很安全、很滿足，而且他不會將睡覺和吃奶聯繫在一起。他不是吃完奶就睏了然後睡覺，而是玩累了才睡覺的，他只有在醒過來的時候才會吃奶。如果他仍然睏了之後非鬧著要吃奶，那是因為之前幾個月的習慣難以一時改變，需要給孩子時間，讓他慢慢適應。

營造一個適宜的睡眠環境

在德國和法國，兒科醫生都建議嬰幼兒房間的溫度不能超過攝氏20度，我們也發現，孩子在低溫通風的環境中睡得更加安穩，也不容易生病。雖然這與華人的傳統習慣差別太大，但我們還是建議，盡量給孩子的房間多通風，房間溫度盡量不要太高。

寶寶能睡個好覺，不僅對他的獨立成長很重要，對媽媽來說也是意義重大。

生產之後，由於身體的變化和應接不暇的育兒工作，即使有足夠的人力和財力支援，大多數親餵親養的媽媽還是會深感疲憊。擁有一個好的精神狀態，媽媽才能全身心、高品質地陪伴孩子，而要實現這一切，就需要媽媽擁有好的睡眠！

在華人文化中，媽媽往往過度重視與孩子的依戀關係，而忽視了孩子獨立自主性的發展，我們的成長歷程讓我們不自覺地將這些過度依戀的需求投射到孩子身上，看不到孩子與生俱來的獨立願望和努力。很多孩子在上小學後依然和父母同睡，在長達幾年的時間裡，父母都沒有鍛鍊孩子獨立睡覺的意識，因愛而剝奪了孩子獨立自信成長的機會。

獨立的道路是循序漸進的，父母需要早做準備，一點一滴地給孩子提供機會和空間。睡眠也是同樣的道理。如果在早期忽略健康睡眠習慣的培養，我們將要在未來很長一段時間裡付出極其辛苦的代價。安全感的真正來源是及時識別和滿足孩子的需求，不一定非要透過陪睡才能實現。

護理區設計精髓：寬大安全的換洗台

安全經濟的換洗台

換洗台是護理區的核心。這個換洗台要盡量寬，這樣在孩子翻身的時候才不容易墜落。換洗台附近要有一個收納布袋或者收納筐，在裡面放上孩子常用的護理物品，如護臀霜、潤膚油、紙

巾、尿布、溫度計、梳子、生理食鹽水等。換洗台旁邊還要放一個丟尿布的垃圾筐和一個髒衣簍。

如果家裡有合適高度的儲物櫃，可以暫時改作換洗台，儲物櫃的便利之處是可以分類收納嬰兒衣物。在孩子能夠坐甚至站的時候，換洗台的使用頻率就很少了，所以沒有必要買專門的換洗台。到時候撤掉櫃子上的換洗墊，這個儲物櫃依舊可以用作孩子能夠自主開關的衣櫃。

很多家庭將換洗台設置在洗手台旁邊，這也未嘗不可，但是盡量不要和馬桶在同一個屋子，因為細菌汙染會比較多。

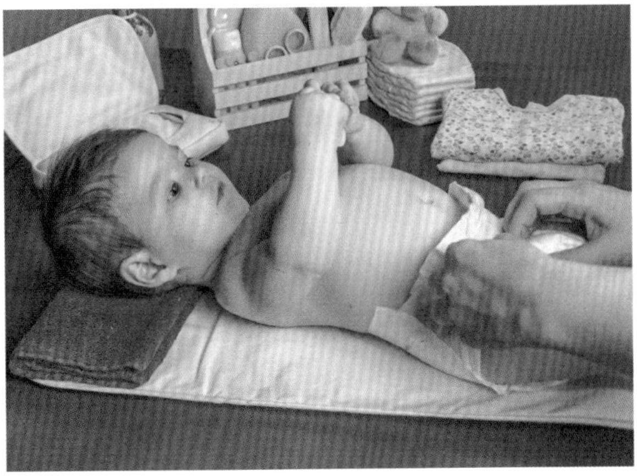

當孩子醒著且不餓的時候，我們再給他換尿布。換洗前要提前告訴孩子你要做的事，換洗動作也應該輕柔緩慢，不時和孩子互動交流，讓他從一開始就喜歡清潔護理的時光。在孩子滿月前，我們還要在這裡為他清理臍帶，在孩子的臍帶自動脫落之後，我們就可以在這裡給他洗澡了，母乳寶寶可以將這項任務交給爸爸來完成。

需要注意的是，千萬不要將孩子單獨留在換洗台上，即使你覺得他的活動能力還不足以讓他掉下來。我們需要將這個換洗台準備得非常完備，一旦開始換洗就不需要離開。還要注意的是，在比較乾燥的季節，尤其在乾燥的地區，盡量不要頻繁給孩子擦洗，否則容易造成孩子皮膚乾燥。

推薦讓孩子舒適自由的衣物

寶寶剛生下來的前幾個月，我們推薦給孩子穿純棉質地的斜襟棉布肚衣（和尚衣），這種衣服沒有扣子、拉鎖等硬物，能夠很好地保護新生兒柔嫩的皮膚。到孩子4、5個月大時，我們推薦給孩子穿包屁衣，因為當孩子準備開始爬行時，要盡可能給孩子脫掉褲子。這一切都是為了方便孩子自由運動，因此我們不推薦包腳連體衣。這個階段，孩子也不需要穿鞋子，盡量光腳，冷的話，只穿襪子就可以了。

同時，我們建議不要給孩子穿過多的衣物，堅持比大人少穿一件的原則。衣物清洗時，千萬不要使用柔軟精，也不建議用消毒劑過度清理房間和玩具。

活動區設計精髓：活動墊和鏡子，建立自我身體意象

不少家庭在嬰兒醒著的時候依舊把他們放在床上，這樣很容易造成嬰兒的睡眠信號紊亂。當嬰兒快要入睡的時候才將他們放到床上，這樣才能建立起嬰兒對床的睡眠聯想。

那他們醒著的時候該在哪兒呢？

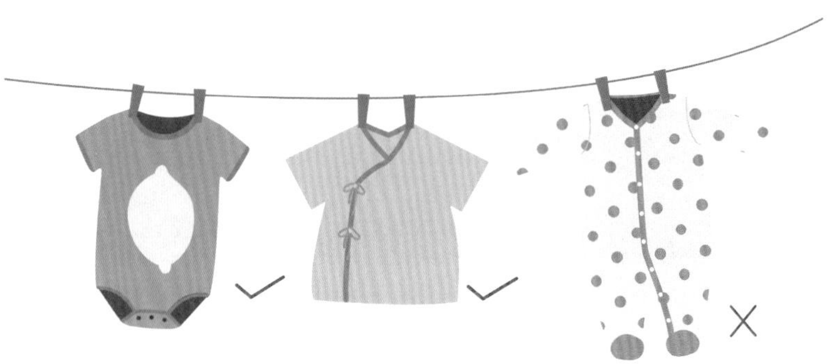

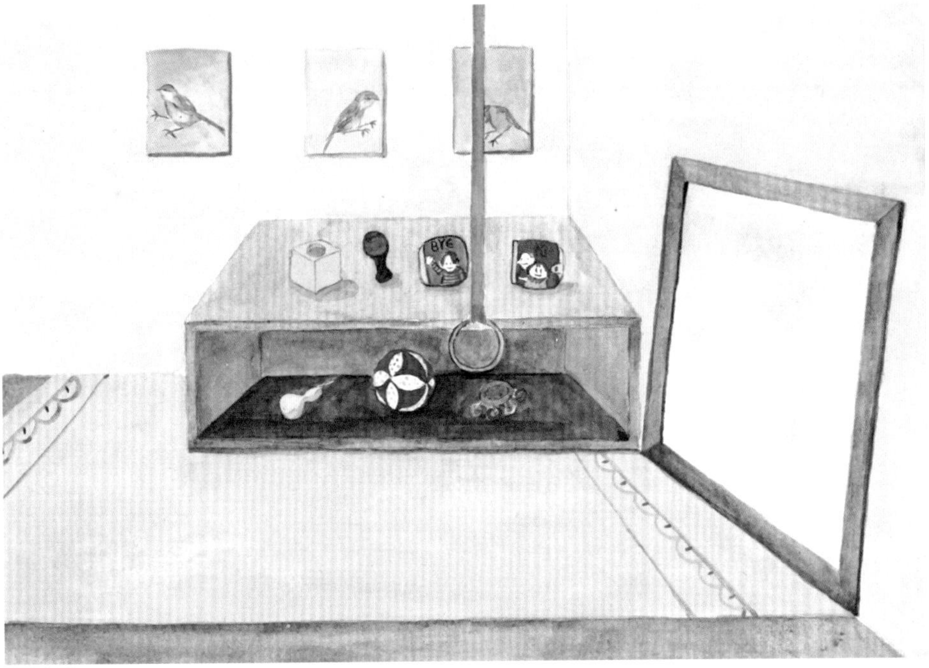

我們應該布置一個小小活動區。趁著嬰兒狀態好的時候，將他們放在那裡，給予他們自由探索的機會。在他們需要我們的時候，再積極地和他們互動。

小嬰兒的大部分動作還是反射性動作，諸如吸吮反射、吞咽反射、抓握反射等，之後有控制的動作會逐漸代替反射性動作，我們只有給予嬰兒活動的自由，多將他們放在活動墊上，才能幫助他們盡快實現這個過程，順利進入下一個發展階段。

活動區的設置時刻提醒父母，小寶寶醒著的時候不應該待在床上，也不應總是在我們懷裡。活動區是小嬰兒發現和探索世界的第一個小樂園。

活動區三要素：活動墊、鏡子和矮櫃

我們可以在活動區放一塊活動墊，可以用材質安全的瑜伽墊，也可以用比較硬質、不易滑倒的地毯。女兒出生2週後，我們就開始在她醒著的時候將她放在活動墊上。在她滿月後，我們就每天讓她練習一會兒趴的動作，時間由短變長。當孩子不願意繼續的時候，我們就將她翻過來，過一會兒再幫她慢慢翻過去。有的孩子喜歡運動，大動作發展得很早。當你觀察到孩子想要移動的意願時，就可以在一旁示範，他們很可能會模仿，可以用手在胯部給孩子一點支援，幫助他們移動。如果孩子是不愛動的類型，也不要強迫，在他們願意的時候給予足夠的支持就可以了。我們需要觀察，給予最恰當的幫助，孩子不需要的時候就耐心等待，絕對不能強迫他們做他們還不願意甚至不能做的動作。

在活動墊旁邊，可以橫立一面鏡子。鏡子大小一百五十公分，寬約四十五公分，等孩子開始站立和走路時，也能繼續使用。請選擇安全、不易碎的鏡子，我們可以將鏡子背面用膠帶與固定

物黏牢。經常照鏡子能夠建立兒童最初的身體意象，提高自我覺知的能力。兒童發展與教育心理學博士蘿拉·伯克（Laura E. Berk）認為，自我覺知是兒童情緒和社會生活的核心部分。

矮櫃上的玩具數量要有限制，最多不要超過八個，還可以放兩三本適合嬰兒看的書。這個階段，大多數家庭孩子的玩具還不是很多，但是隨著孩子月齡的增長，玩具必然會越來越多，所以從現在開始，可以學習如何選擇和收納玩具。以後孩子的藏書也會越來越多，到時就需要單獨準備一個小書架來陳列孩子近期比較喜歡的書，再用一個書櫃或者書箱來收納暫時不看的書。

不要每次將所有玩具和書都拿出來，在某個時間段只拿出他們當下感興趣的玩具，陳設在矮櫃上，而不是堆砌。可以借用各種盒子、盤子、竹筐等進行分類收納，每次孩子不想繼續時，我們都要當著孩子的面將玩具和收納工具一起放回矮櫃。

益智玩具

在生命的前三年甚至前六年，孩子都是透過感官經驗的積累來塑造自身人格的，初生嬰兒尤其如此。因此從一開始，我們就要為孩子提供豐富多樣的輔助視覺、聽覺、觸覺發展的吊飾和玩具來刺激他們感官和動作的發展。

現代社會其實不乏各種所謂「開發嬰兒智力」的聲光電玩具，我還記得小時候我的嬰兒床頭掛著各種色彩豔麗、上了發條後像電風扇一般快速旋轉、帶有刺耳音樂的旋轉床鈴，但是這些塑膠製品過於炫目和吵鬧，還有些過於劣質，反而給嬰兒的感官開發帶來了不利的影響。

我們可以購買或者自製各種天然材質的風飄吊飾，這些吊飾如此輕巧，可以隨風搖動，幅度又不會太大，小嬰兒的眼睛可以跟蹤到，有時小手還可以拍到。

用來看的風飄吊飾可以掛在距離寶寶三十公分左右的高度，要掛在身體偏下側，不能掛在頭頂上方。給孩子拍、打、抓、踢的吊飾要掛得更近一些。當孩子不感興趣時，就要換一個不同的吊飾，把原先那個收起來，而不要全部掛起來，太多便會是干擾。

❶看

在媽媽的肚子裡時，嬰兒的生活環境大部分是昏暗的，所以在出生後，他們的視力會得到極速的發展。最初，嬰兒的視覺跟蹤能力非常有限，如果我們在他們面前移動手指，他們的目光還無法順利跟上。這段時期，我們要盡量給孩子提供開闊的視覺空間，以此刺激他們視力的健康發展。

不要將他們長時間放入帶圍欄的空間裡，這樣會阻礙他們觀察周邊環境。如果我們將他們放在視線開闊的地方，用心的父母一定能觀察到，孩子會努力地往光亮的地方看。

我們放了一盆植物在窗邊，出生不久的女兒常出神地盯著隨風搖曳的葉子看很久，我們還發現她喜歡看傍晚時燈光的影子。由此得到靈感，我們常常給女兒做手影遊戲，也會用手電筒跟她進行光影表演。我們親手製作了幾個合意的吊飾，也從商場購買了幾個，從房頂懸掛下來，女兒會饒有興趣地觀察很久，有時還對著吊飾發笑。我們將這些觀察都記錄下來，可以明顯發現，生命中最初的幾個月，的確是孩子視力發展的關鍵期。

黑白吊飾

- 建議月齡：2週～2個月
- 提示：最初2個月，嬰兒只能看到對比非常鮮明的圖案和黑白色。下圖這個吊飾是義大利藝術家布魯諾・穆納里（Bruno Munari）專門為嬰兒發明的。我們也可以製作更簡單的黑白吊飾，比如三隻飛燕。吊飾的關鍵是飾物能夠保持平衡，內容真實有趣，足夠輕盈，可以隨風轉動。

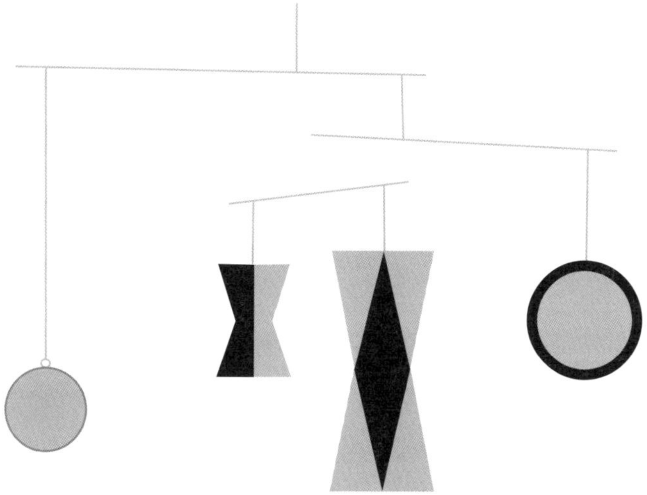

三色八面體吊飾

- 建議月齡：2個月
- 提示：這個階段，嬰兒能夠區分有鮮明對比的顏色。這種吊飾展示了明亮的基礎色和立體幾何圖形。嬰兒首先看到的是黃色，最後看到藍色。

漸變式吊飾

- 建議月齡：2～3個月
- 提示：這個階段，嬰兒大腦中負責處理色彩資訊的視覺區域發育接近成熟，分辨顏色的能力接近成人，這種吊飾展示了顏色由淺至深的逐漸變化。

跳舞小人吊飾

- 建議月齡：3個月
- 提示：製作這種吊飾的材質可以從輕盈的紙片到稍有重量的木頭，重量不同，旋轉的方式也不同，吊飾的顏色也要逐漸豐富。吊飾的形象可以是抽象的藝術，也可以來自真實的大自然，比如海豚或者蝴蝶吊飾，但不推薦維尼熊或飛翔的大象這類脫離現實生活情境的吊飾。

拉環和懸掛鈴鐺

- 建議月齡：3個月
- 提示：當嬰兒開始揮舞著雙手試圖去抓眼前的吊飾時，就可以給他們提供拉環，然後是懸掛鈴鐺了。可將這些物品由鬆緊帶連接在天花板上。

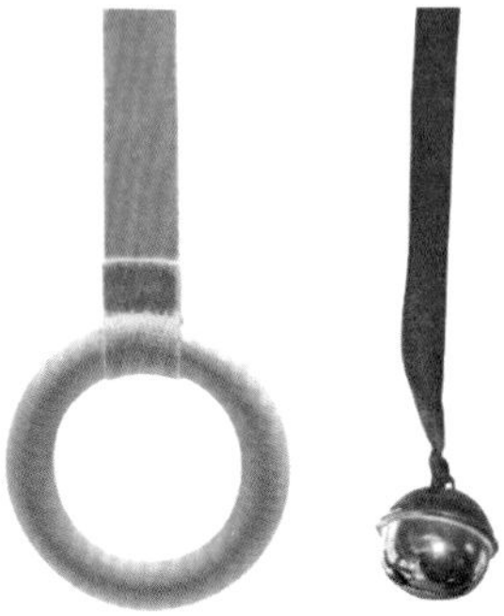

腳踢、手抓球

- 建議月齡：3～4個月
- 提示：這個階段，嬰兒喜歡像蹬自行車一樣舞動雙腿，喜歡用腿夾住上方的球。這個球最好有小突起，易於抓握，嬰兒可以用腳將球傳到手中。

❷ 聽和摸

嬰兒在媽媽肚子中已經收集了很多關於聲音的經驗，他們在出生後會對曾經熟悉的聲音有所反應。我們在孕期常常聽同一首曲子，唱同一首歌，女兒出生後一聽到那首曲子或者那首歌，即使頭還不能轉動，眼睛也會轉向聲音的來源，變得非常安靜和放鬆。蒙特梭利博士說過：

> 在生命的最初幾週，嬰兒的聽覺系統是發育最遲緩的感官，但嬰兒此時又需要靠聽覺來捕捉語言中最細微的發音。所以，這時孩子的耳朵不只是作為一個聽覺器官在運作，還受到特殊敏感期的引導，從環境中巨細靡遺地捕捉人類說話的聲音。這些聲音不僅會被收集，還會引起他們聲帶、舌頭、嘴唇等部位肌肉細胞的反應。一旦發聲器官在某個時刻覺醒，他們就能發出那些聲音。

我們可以給小嬰兒提供各種能製造出聲響的玩具，以刺激他們聽覺的發展。

嬰兒在出生後需要有更多觸覺上的體驗，對新生兒來說，自己對自己的觸碰遠不如外界對他們身體的觸碰所帶來的刺激更敏感。他們喜歡被擁抱、撫摸，因為在媽媽肚子中，一直有羊水緊緊地包圍著他們。

很多父母擔心新生兒抓傷自己，給新生兒戴上手套，殊不知這樣便割斷了他們與世界最早的觸覺體驗，帶來的損失要比指甲抓傷臉要大得多。蒙特梭利博士曾經在《吸收性心智》一書中寫道：「如果兒童不能使用自己的雙手，他的心智便停留在很低的水準，不能自控，沒有創造力，變得懶惰和傷

音樂盒

- 建議月齡：2週～2個月
- 提示：孩子剛出生不久，就可以給他們聽旋律緩慢輕柔的獨奏樂曲，比如音樂盒裡的音樂，也可以是CD播放的輕音樂或輕聲彈奏樂器的聲音。

帶響聲的抓握玩具

- 建議月齡：2個月
- 提示：當孩子能夠有意識地抓握後，就可以陸續給他們提供各種材質天然、重量較輕、聲音悅耳的抓握玩具，如小搖鈴、小沙錘等。

各種材質的抓握玩具

建議月齡：2個月

提示：這個階段，嬰兒習慣將這些玩具放入口中，所以一定要選擇無毒安全的品質合格產品。玩具的材質盡量多樣，比如木質、金屬、毛線等，可以給嬰兒提供不同的觸感體驗。

家庭日用品筐

建議月齡：5個月

提示：當孩子在活動墊上玩的時候，可以將玩具散放在孩子身邊，也可以將它們收納在一個小筐裡，放在他們面前，還可以在竹筐裡放一些安全乾淨的家庭日用品，比如牙刷、小勺等，供孩子觸摸、把玩。這個筐裡的日用品要經常更換，以保持孩子的興趣。

心……」因此，我們要從一開始就解放孩子的雙手，給孩子提供各種材質、各種形狀、各種顏色的抓握玩具，以使他們有足夠多的練習機會。

語言啟蒙

蒙特梭利博士認為，孩子從出生到6歲是語言發展的關鍵期，因此，從孩子出生起，我們就需要瞭解如何有效幫助孩子發展語言，如何與孩子溝通，這是親子關係非常重要的一課，越早瞭解，越能事半功倍。曾有兩位心理學家，貝蒂·哈特（Betty Hart）和陶德·瑞斯麗（Todd Risley），以美國堪薩斯市的四十個家庭為跟蹤研究對象，發現陪伴者的教養方式對孩子語言發展的影響，要遠遠超過其教育程度和家庭財力。

那麼，什麼才是科學的教養方式呢？怎樣才能給予孩子的語言發展最大的助力呢？

❶ 豐富高頻用詞

法國育兒專家弗朗索瓦茲·多爾多認為：一切皆語言。雖然孩子在很長一段時間內無法用口語和我們對話，但是他們天生有強烈的交流欲望，而且會透過不同方式達成交流的目的。麗絲·艾略特博士也說：

新生兒會選聽新字，等到8個月大的時候，便能辨認大人讀故事時重複念到的字，記憶最久可持續達兩週。

我們從孩子出生起，便要習慣多和孩子說話，內容越豐富越好。凡是能吸引孩子的東西或者動作，我們都給它命名，漸漸地可以發展成片語，加上形容詞、介詞或者副詞等，由簡到難，只要孩子願意，可以隨時和他們聊天對話，給他們講身邊發生的事情。不要給自己的語言設限，孩子的語言吸收能力往往超出我們的想像。天長日久，隨著孩子詞彙量的增加，他們能理解的便會越來越多，也就越來越期待在交流中聽懂更多內容。

❷ 交流對話

和孩子溝通時盡量減少命令語式，多用交流對話的方式。電視機對這個階段孩子的語言發展是有害無益的。在與孩子說話時，盡量關掉電視和背景音樂。一項研究發現，在人口較少的家庭中長大的孩子，父母會給予他們更多有針對性的語言互動，而這種互動能大大影響孩子未來的語言能力和智力。因此，我們要和孩子對視著交談，給他們留有回應時間，讓嬰兒學習輪流的對話方式。

剛開始，女兒只是靜靜地聽我說，後來她就和我一起「說」，最後她終於明白，交流是你一言我一語地溝通。

❸ 別糾錯

不要糾正孩子的發音，給他們重複一遍正確的發音即可。其實不論是從語言還是從其他方面，我們都不提倡糾錯式教育，在孩子牙牙學語的階段，最需要我們的鼓勵，即使是沉默不語，也比被不斷地糾正要好得多。

經常聽到「不要」、「不可以」之類否定字眼的孩子，語言發展會落後於較少聽到否定回饋的孩子。應該盡量加強正面回應，重複孩子發出的音，對孩子的牙牙學語做出積極回應。

蒙媽日記

在孩子面前時時有意識地控制自己的語言並不是那麼容易。

今天蔓蔓突然要畫油畫，不一會兒突然開始用畫筆在凳子上畫，忙了一天的我腦袋快「炸」了，「不要畫」馬上就到了嘴邊。幸好有長期的職業訓練，我不帶情緒地將畫筆收起來，說：「看起來你不願意繼續在畫紙上畫了，那我們收拾吧。你要收拾畫紙還是顏料？」

收拾完又和她一起清理了凳子上的顏料。有的她擦不掉，我就去幫忙，並且問她：「能不能畫在凳子上啊？」她說：「不能。」

❹ 不要使用寶寶語

小嬰兒偏好女性的聲音，因為女性聲調高而且尖，語調慢、抑揚頓挫，說話清楚。於是很多媽媽不由自主地開始使用寶寶語，比如「喝奶奶」、「小手手」等。從孩子出生起，我們就應該有意識地注重發音的自然和精確，盡量不要使用寶寶語，不要低估嬰幼兒的語言理解和吸收能力，要做好他們口語發展的榜樣。

❺ 培養親子閱讀習慣

從出生起，就可以與孩子一起閱讀繪本，可以將閱讀作為每晚睡前的一道程式，這是一個需要長期堅持，且會讓孩子終身受益的好習慣。

小月齡的書材質多樣，可以是毛茸茸的布書，也可以是漂浮在水上的防水書。孩子出生後最初的2個月，可以準備黑白色的圖書或者卡片，之後是色彩對比較為鮮明的圖書。書籍每頁的字數也是由無變少再變多，從無字，到每頁一個詞，再到每頁一句話。此階段建議給孩子吟誦有韻律的詩歌，比如《聲律啟蒙》、《唐詩三百首》等。

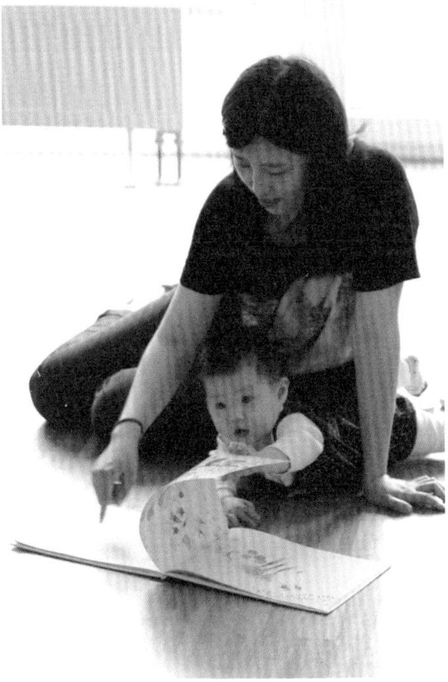

6 嘗試雙語教育

如果從孩子出生起，家庭中的某一人就堅持和他說另一種語言，孩子會毫不費力地學會雙語，但是雙語啟蒙的前提是要在母語足夠強勢的環境中。

即使我們身在德語環境，但是我自信能給予女兒足夠豐富的漢語輸入，而爸爸講英語也很自如，所以從女兒滿月後，爸爸就開始堅持每晚給她講睡前英語故事，三年的雙語啟蒙實驗很成功。

常見商業用品的利弊分析

商家為了取悅父母，發明了很多幫助父母省時省力的育兒用品，我們在此想對這些常見商業用品的利弊進行分析，父母要結合實際情況做出相應取捨。我們推薦使用的商業用品大多是幫助孩子出行的工具，比如嬰兒車、汽車安全座椅、自行車安全座椅等。當孩子能夠獨立行走後，我們就要盡量脫離對這些工具的依賴，讓孩子多多走路。

蒙媽說

「我們鼓勵父母多帶孩子出門，除非天氣極端惡劣，盡量每天都要出門，還要多帶孩子去農場、動物園等地方接觸多種細菌，這樣能有效提高孩子的免疫力。」

我們尤其不推薦的兩種商業用品，一種是學步車，它不僅大大限制了孩子的運動發展，還會誤導孩子習得不正確的走路方式，讓孩子沒有動力透過自己的力量來走路。過早使用學步車也容易讓孩子將其內化成自己身體的一部分，成為他獨立行走的最大障礙。

另一種極不推薦的是圓圈圍欄，我們反對任何將孩子禁錮起來的工具，包括把孩子圍起來玩耍的圍欄和帶有高高圍欄的嬰兒床。不論是從身體還是心理的角度，這都是一種囚禁。當孩子開始爬行的時候，他們需要最大的空間來探索和發現，我們完全可以透過房間的布置、準備來將這個活動範圍最大化，而圍欄圍住的空間實在是太小了。

還有其他幾種常見用品，常常讓家長在選用的時候十分猶豫，比如背巾、背帶和奶嘴，下面我們就來分析一下。

❶背巾和背帶

背巾有很多的好處。對於剛出生的嬰兒，在背巾裡有類似在媽媽肚子裡的感覺，會讓他們很有安全感，睡得非常踏實，同時又能解放媽媽的雙手和身體。法國很多醫院都推薦早產兒媽媽使用背巾。但背巾的壞處是容易讓媽媽和寶寶過分依賴，不自覺地剝奪了孩子自由活動的機會。

當孩子月齡偏大時，背帶就比背巾更方便了。在不方便推嬰兒車的情況下，背帶是個很好的選擇，但是長期使用會對孩子的雙腿發育不利。

在此我們的建議是，背巾和背帶都可以使用，但是不要忘記使用活動墊！

❷ 奶嘴

使用奶嘴在歐美比較普遍，也頗受爭議。一項研究顯示，早期使用奶嘴會降低新生兒猝死風險，而且有的專家認為，吃奶嘴比吃手危害更小。

但蒙特梭利教學法不建議使用奶嘴，因為過度使用奶嘴會造成孩子語言發展遲緩、牙齒和嘴巴畸形，而且孩子會將奶嘴內化成自己身體的一部分，在精神上過度依賴，越大越難戒。因為對於長期叼著奶嘴的寶寶來說，那已經是他們身體的一部分了。

因此我們的建議是，即便讓孩子使用奶嘴，也一定要非常有節制，最好在孩子1歲前戒掉。

關注孩子的精神世界：及時滿足需求，建立穩定作息

對小小嬰兒來說，出生無疑是他們人生中經歷的第一次重大轉折。出生之時，他們必須要配合母體的宮縮節奏，往產道移動，最終艱難地從產道出來。「在分娩的過程中，新生兒瘦弱的小身體就像是從兩塊互相擠壓的磨石之間穿過。最後，他們帶著傷，就像長途跋涉的朝聖者般降臨到這個世界。」出生之後，嬰兒從生活了九個月的昏暗、潮濕、溫暖的水生環境，突然降生到一個全然不同的大氣環境中，瞬間就要學會呼吸，然後立即被輾轉於不同的陌生人手中，進行各種冰冷的監測，不知道過了多久才安穩地回到母親身邊，被熟悉的味道、氣息和聲音包圍。

雖然我們無人記得出生時的感受，但是這一切都會悄悄進入我們的潛意識記憶當中，並默默陪伴一

生。還有很多剖腹產的寶寶，我們無從想像他們經歷了怎樣的出生創傷。我們往往都關注媽媽承受了多少，而忽略了寶寶，其實他們更是經歷了許多不為人知的苦難，很可能比媽媽都要多。

第一時間與媽媽親密接觸

雖然我們丟失了自己出生時的記憶，但依舊可以去努力理解，並幫助孩子適應這個新世界。越是幼小的孩子，越是需要很長的時間來適應新的環境。理想條件下，孩子一出生就應該即刻被放在母親胸前，因為在先前的九個月，他們是如此緊密地和母親連在一起，千辛萬苦經過產道出來後，在這個陌生的世界裡，他們最需要的就是唯一熟悉的母親，母親的心跳、呼吸和聲音，對於驚恐中的小嬰兒來說，將會是莫大的安撫。

在現有的醫療衛生條件下，即便大多數生產環境實現不了這樣人性化的產後服務，我們也要盡最大可能與醫生、護士進行產前協商，在產後盡快將寶寶帶到母親身邊，這樣做也有助於媽媽盡早分泌初乳。

及時滿足孩子的真實需求

出生後的前6週，是母親和嬰兒的共生期，兩個生命剛剛從身體上分離，但是他們在精神上還是完全一體的。此時爸爸要創造一切可能的條件，幫助母子二人建立親密聯結。

在最初2個月，我們要逐步瞭解寶寶哭泣的原因並及時滿足他們的需求，這是他們建立安全感、對這個新世界充滿信心的源頭。希瓦娜．蒙塔納羅博士曾說：

> 共生期間，如果我們過度反應，嬰兒將缺乏要求和接受的經驗；反之，如果我們反應不足，或反應不夠迅速，將導致嬰兒產生負面的印象，認為環境並沒有回應他們的要求。要是對新生兒表達的需求缺乏適當的反應，可能會阻礙他們基本信任的建立，對成長中的嬰兒來說，在發展愉快、樂觀的安全需求方面，也會造成不良後果。

建立穩定的生活作息

如何培養孩子的安全感，其實我們能做的還有很多。除了及時回應，我們還要給孩子建立穩定的生活作息。孩子房間裡四大區域的提前設計和布置就是為了幫助父母避免一開始的忙亂，盡早摸索出合理的排程。我們在固定的區域和時間，用固定的方法做固定的事情，嬰兒很快便能識別甚至預測要做的事情，他們會無比享受這種看似無聊的安排，因為他們能感覺到安全，好像一切都在掌控中。當嬰兒生活規律、內心穩定安全時，好像一般就會很少哭鬧。很多「天使寶寶」並不完全是天生的，這跟父母穩定規律的照料息息相關。

我們都知道嬰兒不會有有意識的長期記憶，但是他們能夠保留簡單、短暫的記憶，比如記住媽媽的臉和聲音，或者記住某一種特殊的換尿布手法，突然變化就會因不適應而哭鬧。嬰兒的這些短期記憶有別於真正的記憶，它們只是儲存在腦部底層的習慣性行為模式，需要透過重複刺激才能記住。這就是為什麼嬰幼兒如此喜歡重複精準的照料步驟的原因。

固定的照料者

孩子出生後的頭2個月，父母會很辛苦，但是獨立料理一切並不是不可能。如果有老人家或者月嫂來幫忙料理家務雜事，當然是好事，這樣能給父母減輕很多壓力；但如果家人分工不明確，大家都一同來照顧小寶寶，往往會讓養育難度翻倍。嬰兒需要安全感，而安全感很大一部分來自固定的照料者，不同人的照料方式肯定千差萬別，敏感的嬰兒當然能覺察到。最初的相互適應和磨合對建立規律的作息和良好的親子關係影響重大。吃喝拉撒睡，父母都盡量要用科學的方法親力親為，這樣孩子才會越來越好帶。經過最初2個月的歷練，新手父母常常能以最快的速度蛻變為成熟自如的父母。

多樣適量的感官體驗

讀到這裡，你是否感覺嬰兒就是個軟綿綿的需要我們精心伺候的小不點？看來我們要把他們緊緊地裹起來，避免讓他們受到任何傷害。

哦不，他們才不是只知道吃奶和睡覺、其他一無所知的小動物呢。小小的嬰兒在適應了這個新世界後，很快就會有各種各樣的精神需求，他們渴望各種感官體驗，他們想看、想聽、想聞、想摸……我們的確需要密切觀察嬰兒的反應，給他們酌量增加有益的刺激，不能太多，也不能太少。

嬰兒剛出生的前5個月對新手父母的體力挑戰最大，而後，挑戰我們的就不只是體力了！

第6章

5～12個月，手把手帶你在家蒙特梭利

蒙氏爸媽私家設計圖紙

注：左上角為活動區，右上角為進餐區，
左下角為護理區，右下角為睡眠區。

蒙氏爸媽私家設計圖紙

注：左上角為活動區，右上角為閱讀區，
左下角為護理區，右下角為睡眠區。

蒙氏寶寶成長觀察手記

5個月

大動作	●能在活動墊上左右轉動身體 ●從躺著能翻過來，到會連續翻身 ●開始嘗試向前移動，但是無法成功
手眼協調	●眼睛會跟隨爸爸媽媽的身影在房間內移動 ●能更準確地伸手搆到一個東西，而且能牢牢地將這個東西握在手裡 ●能用整個手掌抓住吃副食品的勺子並將其放進嘴裡，然後不自主地鬆開手掌
語言	●能發出更多不同的音節 ●大人說話的時候她也說，大人說完她也會咿咿呀呀地回應 ●會觀察和模仿媽媽的各種表情和動作 ●會模仿聽到的不同聲音 ●高興的時候會發出抑揚頓挫的「a」的音調
認知	●會尋找剛剛還在手裡的東西 ●積極地探索周圍環境，對距離自己一公尺左右的物品最感興趣 ●手裡拿著一個東西的時候，如果突然發現另一個吸引她的物品，會立刻放開手裡的東西去抓另一個
社交	●正式添加副食品 ●能自己玩一小會兒 ●到了新的環境會很好奇地觀察 ●別人從她手裡拿東西時，會有一定的反抗 ●有陌生人在場時會比較靦腆 ●當媽媽不在視線範圍內時，有時會大喊大叫 ●如果不把她看到的副食品送到嘴裡，會生氣地大哭

6個月

大動作	●後背有支撐時可以坐很久 ●能夠原地打轉 ●能自如地翻身 ●後腳有輕微支撐時，可以匍匐前進一段距離
手眼協調	●喜歡先放開玩具再抓起來玩，然後再放開，再抓起，不斷重複 ●會觀察自己的手，然後模仿爸爸媽媽將手張開再合上，不斷重複 ●開始用手指捏著食物放到嘴裡吃，大多數時候用四個手指捏，有時用三個
語言	●大人說話的時候她會聽，然後開始咿咿呀呀的，好似在對話 ●高興的時候笑，咿咿呀呀地說個不停 ●聽到音樂時她會很專注地看向聲音的來源，同時雙手飛舞
認知	●注意力會從一個物體轉移到另一個物體上，然後再轉回去，感覺像在比較這兩個物體 ●好像能理解「不」的含義 ●房間有兩扇門，當大人從一扇門離開時，她會帶著期望的表情看向另一扇門
社交	●看到陌生人會很緊張，面對某些陌生男性時會哭 ●看到和媽媽穿著一樣顏色的衣服的女性的臉時，會突然大哭 ●聽到熟悉的音樂會停止哭泣 ●聽到有人叫她的名字會抬頭看

7個月

大動作	●開始能夠獨立坐 ●開始匍匐前進，在房間四處探索 ●大人架著她的胳膊時，兩腿能支撐起她身體的重量 ●躺著的時候喜歡吸吮自己的腳趾
手眼協調	●透過拍打、搖晃等各種方式來探索同一種玩具 ●能緊緊地握著玩具，更少鬆手 ●常用三個手指捏取細小的東西，偶爾能用兩個手指 ●開始模仿媽媽拍手 ●會接過勺子，將勺子裡的食物往嘴裡送 ●會持續地將衛生紙撕成一堆小塊兒
語言	●大人讓她看什麼時，她會轉過頭去看 ●喜歡聽爸爸媽媽唱歌，聽的時候，嘴裡還咿咿呀呀的 ●會很專心地聽一會兒播放的或演奏的音樂 ●好像能聽出媽媽說話的語氣，是生氣還是高興 ●能發出很多類似「a」「e」「u」「o」的母音和類似「b」「p」「f」「v」「z」「k」「g」的輔音 ●能發出「爸爸」「媽媽」「娃娃」的音，但並不理解其含義 ●會觀察與她說話的人的嘴型
認知	●即使幾天沒看見熟悉的家庭成員，還是能認出來 ●當一個物體在她眼前消失時，會開始尋找 ●喜歡將一塊毛巾蓋在臉上，然後拿下來看著媽媽笑，不斷重複這個動作 ●喜歡搖晃一些聽覺玩具，讓它們發出聲響 ●意識到自己可以移動物體 ●會自己看很長時間的書，看的時候嘴裡還咿咿呀呀的 ●看到鏡子裡的人對她笑，她也會對鏡子裡的人笑，然後轉過頭看著背後的那個人笑 ●會觀察照射進屋子裡的陽光，伸手造出影子

社交	●如果拿走她正在探索的物品，她會反抗 ●聽到周圍人對她的讚美會很開心 ●無聊的時候，會透過各種方式吸引爸爸媽媽的注意 ●非常享受規律的作息 ●因為餓而哭泣的時候，看到媽媽在準備奶或食物，或者聽到媽媽說「馬上來了」，就會安靜地等待 ●正在哭的時候，如果爸爸媽媽朝她笑，她會停止哭泣，對著爸爸媽媽笑，然後繼續哭 ●當陌生人朝她笑時，她也會笑。如果陌生人抱她，她會安靜得一動不動 ●有些陌生男性想要抱她的時候，她會害怕得哭

8個月

大動作	●能夠腹部離地爬行 ●能往前爬也能往後爬 ●能用手拉動椅子或者紙箱 ●開始能爬上、爬下落地床
手眼協調	●喜歡拍手，喜歡用手拍打各種物品 ●能夠使用兩個手指捏起一個小物件 ●喜歡往小孔裡插食指 ●開始偶爾地轉動手腕 ●抓握物品的時候，拇指開始和另外四指相對 ●坐在餐椅上時喜歡往下扔東西 ●開始嘗試用玩具上的繩子牽拉玩具
語言	●喜歡模仿媽媽發出的聲音，大多是母語，即漢語中的音 ●重複地發同一個音 ●透過喊叫來吸引爸爸媽媽的注意 ●長時間觀察大人的嘴型
認知	●能認出幾個星期不見的玩具 ●能注意到很小的細節，比如地上的頭髮或者一道陽光 ●會同時玩兩三個玩具，對新的玩具很感興趣 ●會發現同一個玩具的不同玩法 ●如果將東西藏在被子下面，她會掀開被子把東西找出來 ●偶爾能將白天的兩小覺併成一大覺
社交	●有很多人在的時候，會很快地爬到媽媽身邊 ●不認識的人抱她，她會很害羞，甚至反抗 ●會對著鏡子裡的自己微笑和說話，也喜歡看家庭成員的照片 ●有其他寶寶在場時，即使他們之間沒有互動，她也顯得很開心 ●能透過表情、聲音或者動作來回答一個簡單的問題

9個月

大動作	●爬得越來越快 ●可以輕鬆爬上矮床或者矮台階 ●有時會跪著，偶爾可以扶著大人或工具站起來。爸爸媽媽扶她站立的時候，會嘗試往前邁一步
手眼協調	●經常使用兩指抓握，可以輕鬆拿起一顆葡萄 ●經常用食指指著感興趣的物體或者書上的內容 ●能夠用兩手抓不同的東西，然後相碰弄出響聲
語言	●能重複地發出很多不帶含義的雙音節 ●能聽懂一些簡單指令 ●開始模仿一些動物的叫聲
認知	●非常喜歡玩捉迷藏遊戲，在各個地方爬著找爸爸 ●開始害怕一些動物，一些動物突然接近時，她會嚇得哭起來 ●假裝要把手裡的物品給別人，當別人伸出手拿時，她又拿走 ●有人伸手向她要手裡的物品時，她會將其放到爸爸媽媽手裡 ●可以打開媽媽的包，將裡面的物品一件件拿出來 ●可以模仿爸爸媽媽的很多動作 ●聽到音樂的時候，會揮舞手臂 ●非常喜歡撫摸不同材質的物品 ●能明白動作之間的聯繫，比如拉拽毯子時，上面的玩具就會跟著被拉過來
社交	●遇到其他孩子時，先是觀察，熟悉之後會去拿對方手裡的玩具；當對方過來拿她手裡的玩具時，她會保護玩具不被拿走 ●遇到同齡的孩子，有時候會過去摸 ●當爸爸媽媽為她的某個行為鼓掌時，她會更多地重複這個能吸引注意的行為 ●看到誇張有趣的表情會哈哈大笑

10個月

大動作	●嘗試爬到更高的地方 ●經常扶著沙發或者椅子站起來，但是不會蹲下，喜歡站著看周圍的環境 ●開始能扶著東西走 ●可以透過移動臀部來移動身體
手眼協調	●可以把一個球扔進盒子的洞裡，然後從另一個洞的洞口找到。喜歡不斷重複這個活動 ●喜歡探索所有的抽屜、盒子、櫃子等 ●一隻手可以抓兩個小物品 ●愛用左手 ●媽媽用手指天上的飛機或者小鳥時，她會看到
語言	●喜歡實物指認遊戲 ●能聽懂媽媽的很多話，然後做出回應 ●開始說出一兩個發音還不是非常清晰的詞，也理解詞的意思 ●會模仿大人，在出門之前說「拜拜」 ●可以模仿爸爸，說出英語單詞「Duck」（鴨子） ●聽到熟悉的音樂會以更有節奏的動作配合
認知	●玩完玩具可以用胳膊肘支地爬著將其放回原處 ●開始喜歡玩最簡單的拼圖 ●可以很長時間專注地聽故事 ●知道鏡子裡的人是她自己 ●喜歡模仿媽媽擦桌子、擤鼻涕、寫字等動作 ●有時會害怕能夠移動且能發出聲響的東西，比如遙控汽車 ●喜歡玩各種樂器

社交	●能模仿其他孩子的很多動作 ●會在一群孩子裡認出熟悉的小朋友，把自己的玩具拿給小朋友 ●看到別的孩子會去撫摸，甚至拍打。她還意識不到這些動作帶給別人的影響 ●爸爸媽媽和她互動的時候，會非常開心地哈哈大笑 ●每次去一個新的環境，都需要觀察很長時間才開始探索 ●開始對媽媽做出一些親昵的動作 ●可以自己玩更長時間 ●給她講故事的時候會主動蜷縮在爸爸媽媽懷裡

11個月

大動作	● 可以爬上比較矮的沙發或者桌子，但是還不會轉身下來 ● 可以扶著工具走，然後屈膝蹲下來 ● 可以彎下腰撿地上的東西
手眼協調	● 可以將大環套在柱子上 ● 嘗試開關瓶蓋。對瓶子裡的東西感興趣，喜歡晃動瓶子聽聲音 ● 可以打開和關上一些簡單的安全鎖 ● 爸爸媽媽坐在她身邊時，她會翻書頁 ● 能自己拿起杯子喝水，大人稍微幫助一下就不會全部灑出來
語言	● 會咿咿呀呀地說很多，但是大人聽不懂 ● 會花很長時間探索各種樂器，一件件地弄出聲響
認知	● 能專注地完成一分鐘以上的工作 ● 經常扔手裡的物件 ● 向她要一件物品時，她會找到並拿到大人手上 ● 對動物非常感興趣 ● 會將一個名稱聯繫到不同的地方，比如貓，她會指書上的貓，然後指牆上的貓、海報上的貓 ● 看完書會將其放回原位
社交	● 需要某個物品的時候，她會朝爸爸媽媽發出「嗯嗯」的聲音，然後將爸爸媽媽的手放在對應的物品上 ● 當阻止她做某件事時，她會發怒 ● 情緒變化非常快 ● 給她穿衣服時，她會配合地將胳膊伸開 ● 會模仿其他孩子的動作，觀察別的孩子，但大部分時間沒有互動 ● 會搶走別的孩子手裡她感興趣的玩具 ● 面對陌生人會比之前放鬆，也會微笑。面對某些男性還是會比較緊張，拒絕肢體接觸

12個月

大動作	●能扶著推車走一段路 ●開始能搖搖晃晃地獨立走幾步 ●能更輕鬆地爬上幾個台階 ●能更輕鬆地從站著到坐下
手眼協調	●開始嘗試使用勺子舀食物 ●可以完成簡單的形狀拼圖 ●可以用蠟筆畫出痕跡 ●使用左手更多
語言	●能模仿很多動物的聲音 ●可以說出五六個有意義的詞彙 ●能聽懂很多指令，並做出回應
認知	●能做出聯繫動作的指令，比如揮手「拜拜」 ●需要的睡眠更少，有時能持續醒著十一個小時 ●喜歡玩水、倒水
社交	●喜歡和爸爸媽媽一起玩所有的遊戲 ●對爸爸媽媽表現出濃濃的愛意 ●不情願的時候會拒絕和生氣 ●更傾向於和女孩子一起玩 ●願意和一樣大或者更大一點的孩子玩 ●對自己更有自信，偶爾受挫會非常生氣

進餐區設計精髓：循序添加副食品，首餐吃出儀式感

最初5個月，孩子的所有食物幾乎都來自媽媽，而5個月之後，大人就要進入循序漸進地給孩子添加副食品的階段，直至孩子完全斷奶。

科學添加副食品的具體操作過程，我們參考了國際蒙特梭利協會0～3歲的培訓內容，以及嬰兒主導的添加副食品方法（baby leading weaning）[8]。

觀察信號，及時添加副食品

5、6個月正是孩子的副食品添加敏感期，如果開始太晚，孩子有可能會拒絕嘗試不同種類的食物，斷奶歷程會更加困難。經過了之前的副食品添加準備，到5、6個月時，孩子會出現一

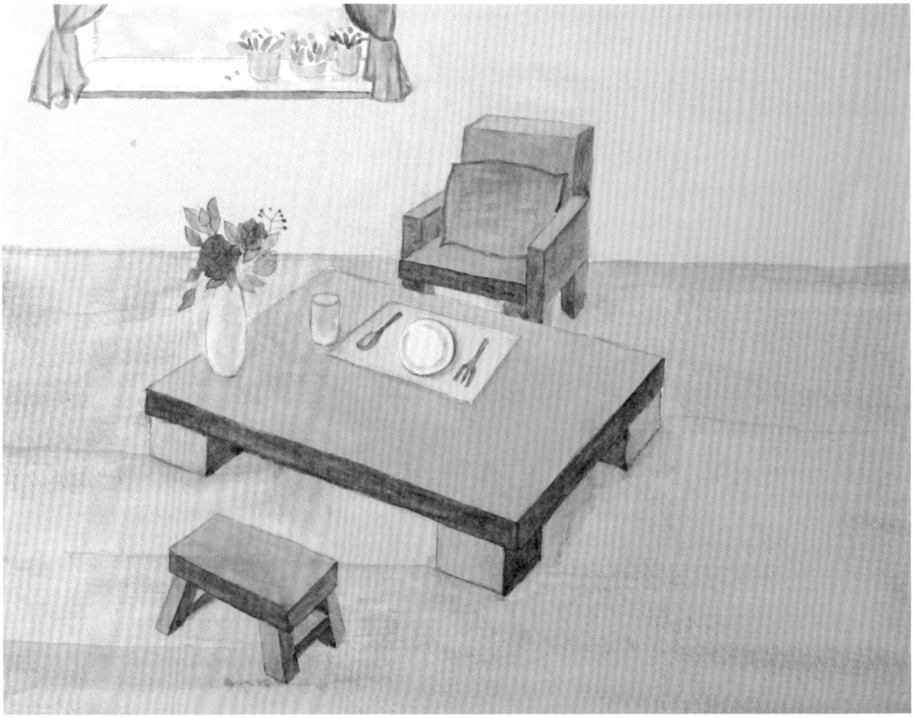

系列添加副食品的信號，其中最明顯的一個信號就是當看到大人吃東西的時候，他會表現出強烈的興趣，甚至流口水，有時還會伸出手來搶食物。

這個階段的孩子開始能倚靠著坐一小會兒了，他們的口腔裡開始分泌消化酶，體內開始缺鐵，不少孩子也開始長牙了，此時母乳已經完全不能滿足孩子的成長需求，大人要盡快給孩子添加第一頓副食品了。

第一頓副食品，吃出儀式感

第一頓副食品對嬰兒意義非凡，這是走向獨立的關鍵一步，我們對此的重視程度應不亞於週

8 這種方法有助於適合月齡段孩子的口腔肌肉發展，同時還能讓吃飯成為積極互動式的體驗。這種方法允許嬰兒從添加副食品起就自主進食。

歲生日，要精心準備，讓孩子感覺到開始吃副食品是值得慶祝和驕傲的事情。

我們在女兒房間先前的餵養區布置了副食品小桌和小椅子，為了防止她坐在上面下滑，我們在椅子周圍固定了靠墊。我們還為此準備了漂亮的桌布和鮮花，準備了不銹鋼小勺子、小叉子，陶瓷的小盤子、小碗，以及玻璃的小杯子，我還親手製作了第一套餐具配件，包括餐墊、圍嘴、餐巾和收納布兜。我們不推薦色彩絢麗、帶有卡通圖案的餐具。

還要準備一個小凳子，也可以用沙發腳凳替代，大人坐在副食品桌對面，用一個勺子餵孩子吃。孩子也有自己的勺子，但剛開始主要還是由大人餵。大人可以只將勺子送到孩子嘴邊，由他自己張開嘴巴湊近勺子將食物吃下去，如果小盤子裡的食物吃完了，我們再從大碗裡盛出一點放到盤子裡，直到他不願意繼續吃。盡可能地給孩子自主吃飯的感覺和機會。

手指食物，幫助嬰兒自主進食

女兒7個月大時，我們將食物切成手指大小的形狀，蒸好後直接放到小盤子裡。我們主要餵一些液體類，大部分固體食物都開始由孩子自己抓著吃。

我們的女兒非常喜歡抓著吃手指食物，她自己決定吃什麼、吃多少，我們相信她餓了就會吃，一旦開始玩食物，就是吃飽的信號，我們就會把她從餐椅上放下來。

剛開始，孩子可能要花很大的力氣、很長的時間才能捏起一小塊食物，同時清潔工作也很繁重，但是如果此時為了大人方便，剝奪了孩子自主學習吃飯的機會，那我們日後將會年復一年地像餵一個嬰兒一樣餵一個大齡而不再願意自己吃飯的孩子。蒙特梭利博士說：

媽媽們形成了自己的一些育兒觀念，這是最值得表揚的，例如對清潔衛生的注意。但是在這種情況下，清潔衛生倒不是那麼重要了：孩子剛開始學著自己吃飯的時候還不太懂得握湯匙、拿筷子，肯定會弄髒自己。媽媽可以暫時不考慮乾淨不乾淨的問題，先滿足孩子自己動手的合理衝動；隨著孩子的發展，他們的動作更加純熟，就再也不會把自己弄得髒兮兮的了。吃東西時能夠保持整潔，代表孩子在發展上的實質進步，也是孩子精神發展上的巨大成功。

多接觸食物種類，降低未來過敏風險

每頓副食品都要盡量做到營養均衡，要包含足夠量的穀物、一定量的肉或者蛋、一定量的蔬菜水果和水。每種食材的添加既要小心謹慎，又不能太拖沓、滯後。

美國幾個研究團隊共同開發了一個研究花生過敏的項目LEPA（Learning Early about Peanut Allergy），他們在實驗中得出，早期為嬰兒提供含花生成分的食品，能顯著降低孩子日後發生花生類食物過敏的風險。此研究結果發表在二〇一五年的《新英格蘭醫學雜誌》（*New England Journal of Medicine*）上。二〇一七年，二十五個專業研究機構，包括美國國立衛生研究院過敏及感染性疾病研究所，都再次共同驗證了此研究結果，並提出了針對預防花生類食物過敏的指南。

最新科學研究顛覆了傳統認為的在副食品添加過程中要盡量迴避易過敏食材的看法。因此我們在為女兒添加副食品的過程中，經常大膽嘗試、小心觀察，希望她盡早多接觸食物種類，以降低未來的過敏風險，同時預防未來的挑食、厭食等不良習慣。

循序漸進斷奶，一日三餐與全家同步

食物種類要多樣化，添加過程也要循序漸進，由稀到稠、由軟到硬。食材要盡量保留原樣，避免過度加工。

剛開始，我們每日只給女兒添加一頓午餐，等一切進行順利後，我們再給她添加第二餐。等到給孩子嘗試了更多種類的穀物和蔬菜水果後，就可以將他移至帶桌板的餐椅上，和爸爸媽媽在餐廳一起享用早餐，感受全家人一起吃飯的快樂。一切順利的話，很快就能給孩子添加晚餐，這時孩子基本上能和全家同步進行一日三餐了。不過每餐之後還要給孩子提供母乳或者奶粉，保證孩子吃飽。臥室的副食品桌椅也可移至餐桌旁邊，供孩子在三餐之外吃小餐點用。

女兒9個月左右時，我們開始給她提供兩餐間的小餐點，上午一次、下午一次。一個人的小餐點時間可以在副食品桌上進行。晚餐時，如果一大家子吃得太晚，容易讓孩子過於興奮而不易入睡，我們建議晚餐也由父母中的一人陪伴孩子在副食品小桌上進行。

孩子的一日三餐可以和全家人同步進行後，母乳或者奶粉大多就只有早晚兩頓了。之後大人可以在適當機會給孩子取消睡前奶，循序漸進直至孩子完全斷奶。

睡眠區設計精髓：使用落地床

這個階段仍然推薦落地床。落地床給我們家帶來了太多驚喜，我們常常都不知道小傢伙是何時醒來的，進屋去看她的時候，總能發現她正躺在那兒看書或者玩玩具呢。有了落地床之後，我們夫妻似乎有了更多的二人世界，因為大多時候，女兒都能自己安穩地睡一夜整覺了。而市面上常見的嬰兒床都大大限制了這個年齡段孩子的人身自由，還會帶來不小的危險。

蒙媽日記

一個朋友剛從國內回到德國，跟我講了飛行前一天的事。

這位媽媽受我影響，一直讓孩子睡矮床，可是回國後環境發生了變化，偶爾就讓女兒睡了下大床，誰知道就掉了下來。孩子上吐下瀉各種症狀，去照CT，還好沒大礙，能勉強飛行。

我身邊不止一個家庭有過孩子從床上摔下來的經歷，我小時候也摔過。女兒有次看圖片書，指著一張圖問我是什麼。我說：「嬰兒床」。

她很困惑地看著這個從來沒見過的床，我說：「很多小朋友睡的床和你的不一樣。你的床可以自己上下，可是這樣的床要大人抱才能出來。你喜歡這個床嗎？」

女兒堅定地說：「不喜歡！」

把孩子「囚禁」在嬰兒床裡並不是沒有風險的，愛動的孩子可能會自己從欄杆上爬下來，或者導致腦袋、胳膊被欄杆卡住。關鍵是如果孩子可以自己選擇，沒有孩子會喜歡被鎖在這樣的欄杆床裡。

如果家庭條件不允許，也可以繼續使用矮床，同時準備一個過渡裝置，幫助孩子安全、自由地上下即可。不要將床靠在比較冷的牆邊，也不要放在通風口、暖氣邊，以及太陽直射的地方。

前一個月齡階段，我們談到過規律的生活節奏能夠給予孩子極大的安全感，白天父母給予孩子足夠的關注和互動也是他安全感的來源。不過對於很多全職父母或者家有二孩的父母來說，這有點為難，但是一切盡力就好，即使時間不多，父母也要全身心地投入到與孩子相處的幸福時光中，不要一邊看著孩子一邊玩手機。

如果白天得不到足夠的愛和關注，孩子到了晚上就容易哭鬧，反反覆覆地醒來。這樣的孩子更無法忍受分離，還有可能會做被遺棄的噩夢。給予孩子足夠的愛和安全感，讓他知道不管什麼時候，照顧他的人總在那裡，不只是身體在那裡，而是全身心地在陪伴他。白天給予的這種全身心的關注和愛越多，晚上孩子就睡得越放鬆、越平靜。

有時候生活中偶爾的變化，比如去爺爺奶奶家睡覺，也要注意不要讓孩子晚上玩得過於興奮，不要因為偶爾的例外在睡前和孩子看電視或電腦影片，這些都會嚴重干擾孩子的睡眠。睡前

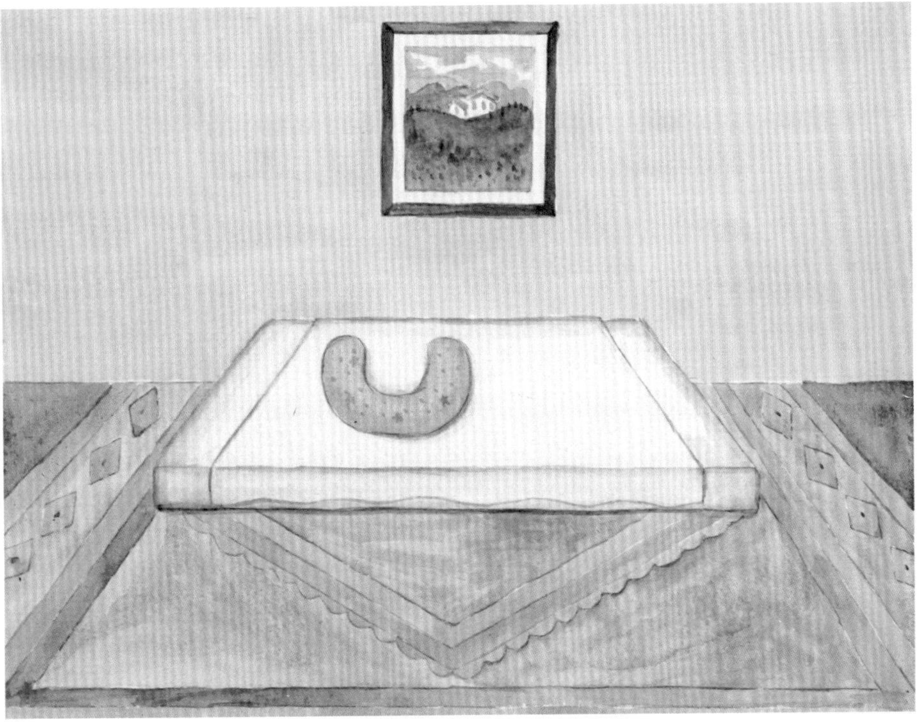

應盡量給孩子創造平靜溫暖的家庭氛圍。父母睡前吵架當然也會造成孩子的睡眠障礙。

將近1週歲的寶寶已經不需要睡上午覺了，但是午睡也盡量不要太晚，否則會影響晚上的睡眠。

護理區設計精髓：將洗澡當遊戲

及時棄用換洗台

換洗台事故大多發生在5～12個月這個月齡階段，所以要特別注意換洗時的安全。我們準備了一些女兒喜歡的玩具，只有在她換洗的時候才拿出來，以吸引她的注意力。

當孩子能夠坐甚至站立後，就不再願意乖乖躺下換尿布了，這時可以準備一把高低合適、

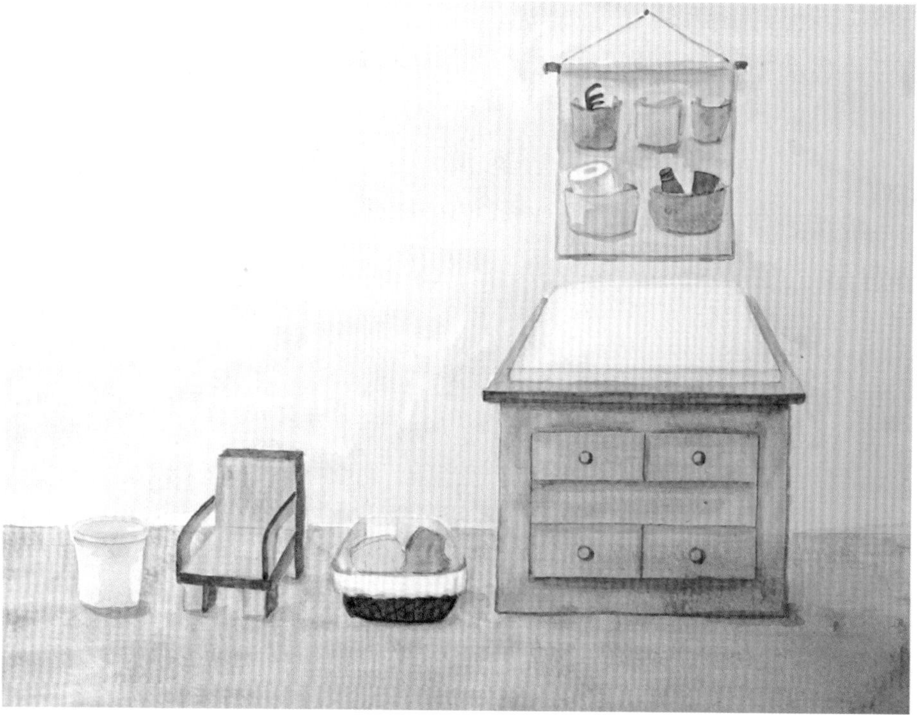

穩固的小椅子，父母給予適當幫助，孩子就可以坐在小椅子上學習簡單更換衣服和拉拉褲了。我們也可以試著讓孩子扶著小椅子幫他擦屁股。小椅子旁邊還要放一個髒衣簍，和一個垃圾筒。

有限制地自主選擇衣物

在衣櫃最下層的抽屜裡放上乾淨的小內褲或者拉拉褲，孩子可以爬行到那裡自己打開抽屜去取。孩子將滿1週歲的時候，可以在這個抽屜裡準備上衣兩三件、褲子兩三條、襪子兩三雙、內褲兩三條。父母可以鼓勵孩子從中選擇，自己搭配。

把洗澡當作遊戲

對上班族父母來說，平時陪伴孩子的時間不足，洗澡便是很重要的親子時間，需要父母全身心投入。給孩子脫衣服、洗完澡穿睡衣都不應該急躁，要慢下來。洗澡不僅是為了清潔，也是睡前放鬆的一種方法。戲水可以幫助孩子增加對自己身體意象的感知，進而意識到自身的存在。

很多父母認為給孩子洗澡是件很有挑戰性的事，隨著月齡的增

長，這個挑戰的難度也越來越大。因為隨著孩子活動量的增大，洗澡會更加頻繁，而且之前很喜歡洗澡的孩子，也可能突然開始抗拒洗澡。

因此從一開始，將洗澡當作遊戲就非常重要了，這樣他才會慢慢地接受將頭和耳朵浸入水裡，將來學習游泳的時候才不會太恐懼。

可以這樣做

怎樣才能讓孩子把洗澡當作遊戲呢？我們的建議是：

1. 父母自己開發出能激發孩子興趣的洗澡池遊戲，如將清水以一股細細的水流澆到孩子的頭上、臉上。
2. 準備各種有趣的洗澡用品和玩具，如選擇孩子喜歡的洗髮精瓶子，用完之後也可以成為洗澡玩具。

父母要引導孩子做好洗澡用品和玩具的分類和收納工作。等孩子快滿1歲的時候，他們可能會喜歡自己取用洗髮精、沐浴露等，我們可以為他們準備幾個小瓶子，瓶裡每次只放一點點洗髮精或沐浴露，這樣就可以放心地交給孩子獨

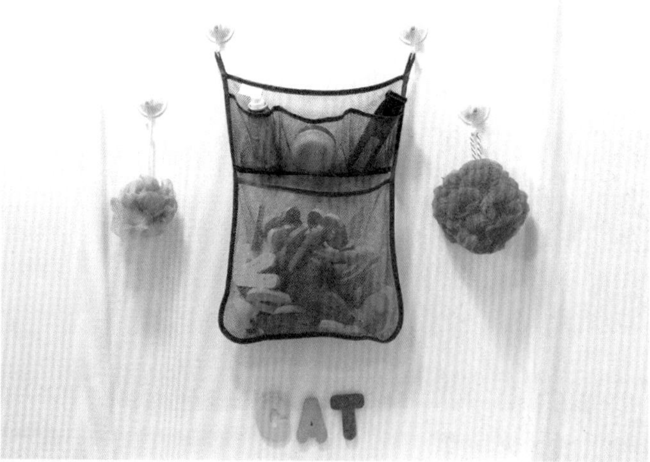

立使用了。

獨立的洗漱環境

孩子們都喜歡玩水，也喜歡無止境地洗手。我們可以在浴室為孩子設計一個方便獨立洗手的環境。

準備一個小梯凳，這樣孩子能直接和大人共用洗手台。也可以為孩子準備一個低矮的洗手台，在這個洗手台邊，應該有一面高度合適的鏡子，以及方便孩子搆取的肥皂、毛巾、梳子、頭飾、牙刷、杯子等。

活動區設計精髓：排除障礙、支持探索

5～12個月是嬰幼兒大動作集中發展的階段，因此房間的布局，尤其是活動區的設計，也應處於動態變化的過程中。

當嬰兒開始能夠倚靠著坐立時，我們就要在活動墊的角落準備兩個硬質的V形枕頭。當嬰兒能夠長時間獨立坐立時，我們就可以撤掉這些輔助坐立的枕頭了。當嬰兒開始爬行，活動範圍逐漸超出活動墊

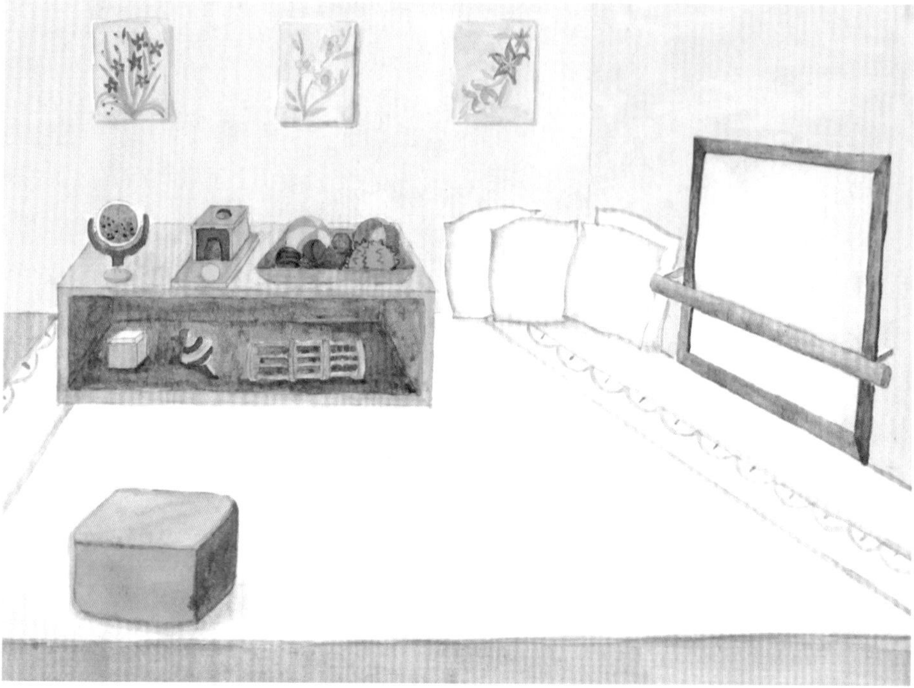

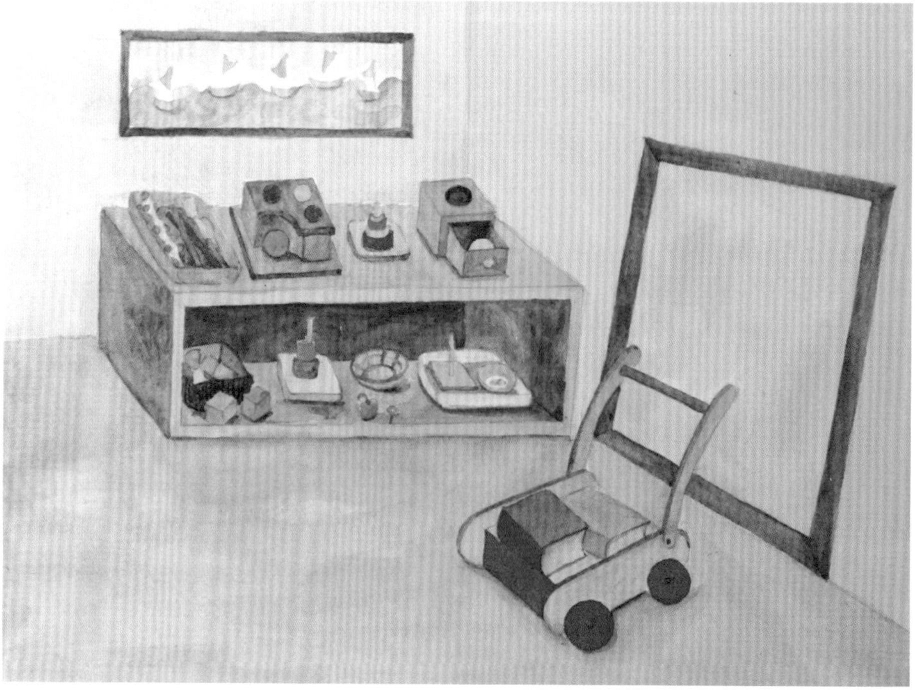

時，我們既要撤掉活動墊，同時又要將家裡面他能到達的地方都仔細檢查一遍，做好安全防範工作。我們可以像孩子一樣爬著觀察這個房間，清理各種可能的危險和障礙，比如插座、電線、窗戶等，並巧妙地安排一些有趣的探索環境，準備一些有意思的玩具。

建議父母盡可能為孩子提供豐富的爬行活動空間，不要僅僅局限在一個房間甚至一個角落裡。蒙特梭利教育專家蒂姆．賽汀（Tim Seldin）曾經說過：

在孩子的眼中，這個世界時刻充滿了神奇而好玩的東西等待著他去探索和發現。那些裝在盒子裡的抽屜裡的會不會是寶貝？快讓我來看一看。

我們最好允許孩子打開他能搆得著的櫃門和抽屜，提前將裡面不宜孩子探索的物品轉移，放一些安全的生活用品或者玩具。

這些將會是孩子最感興趣的探索目標。蒙特梭利博士說過：

精彩的是，人類的運動能力並不像其他動物那樣早早地被固定和限制，他能選擇決定學習什麼運動。有一些動物擁有特別天賦，比如攀爬、奔跑、游泳，但是人類沒有。人類擁有的唯一天賦就是他能學習所有動作，而且比動物做得更好！但是這種潛力需要透過努力獲得，需要不停地重複，不斷地練習。在這個過程中，肌肉開始變得協調，因為神經連接會無意識地自發地達到和諧的狀態。

請注意，本章所講的全部活動，其推薦月齡都只能作為參考，實際生活中還要以父母觀察到的自己孩子的個體情況為標準。

室內運動

這個階段，孩子的大動作連鎖爆發，下面推薦一些輔助大動作發展的器具和玩具。

滑行

建議月齡：5～7個月

提示：可以用陀螺、葫蘆、滾動很慢的球、帶有鈴鐺或者小球的圓柱等作為輔助孩子練習滑行的工具。

坐

建議月齡：6個月

提示：當孩子可以從趴到躺，也可以從躺到趴地翻身後，就可以讓他嘗試坐，但剛開始時間不宜過長。如果孩子坐不住，就不要強行讓他坐。用兩個硬質的枕頭擺成「V形」，但是不要用哺乳枕，因為哺乳枕太軟也太矮。

爬

建議月齡：7～8個月

提示：將引導爬行的小玩具放在孩子面前，我們可以在孩子身邊做爬行的示範。孩子開始爬行後，我們可以鼓勵他們先嘗試爬上或者爬下落地床，繼而嘗試爬較低的台階。引導爬行的小玩具可以是滾動很慢的各種球、陀螺、葫蘆、帶有鈴鐺或者小球的圓柱，及任何能吸引孩子的、可以緩慢滾動的安全物品。

站

建議月齡：8～10個月

提示：耐心等待孩子自發地站起來。可以在玩具櫃的牆上掛一些吸引孩子的畫。如果孩子不會自己坐下，就需要我們在一旁示範。輔助站立的器具可以是牆上高度合適的橫杆、沙發腳凳，以及高度合適且穩固的桌子、椅子、櫃子、沙發等。

走

建議月齡：10～12個月

提示：在孩子剛開始扶著走路的時候，大人要盡量避免用手牽著孩子走，鼓勵孩子扶著沙發、桌子、穩固的椅子或推著加重小推車學習走路。

益智玩具

蒙特梭利博士認為，手是智慧的工具。因此，能夠輔助手眼協調的教具才是孩子真正的益智玩具。如果我們能在細緻觀察嬰兒的精細動作能力後，為他們準備好合適的玩具，他們就會沉浸其中一遍遍地反覆練習，這時他們的專注和沉穩一定會超乎你的想像，手眼協調能力當然也會得到更快的發展。

當孩子的手部精細動作發展到能輕鬆駕馭一種玩具的程度時，孩子便不再對這種玩具保持更久的興趣，而轉向探索下一個更難的挑戰了。因此父母準備什麼玩具非常重要，只有在對的時間出現對的玩具，才能真正輔助孩子手部精細動作的發展，提高孩子的專注能力和自信。

我們不需要購買蒙特梭利標準教具，父母可以改裝已有的玩具或者用紙盒等廢舊材料自製玩具，或者選擇性地購買一兩件同樣具有協助工具的玩具。

拍

- 建議月齡：5個月
- 提示：當嬰兒開始坐時，可以在他面前擺放一個能夠吸附在地面上的拍打玩具。

放

- 建議月齡：7～9個月
- 提示：可以讓孩子一隻手握著杯子，另一隻手握著小球，然後將小球放進杯子裡，以此練習雙手的配合。

插

- 建議月齡：12個月
- 提示：我們示範的時候可使用5個手指抓握，然後觀察孩子使用幾個手指。

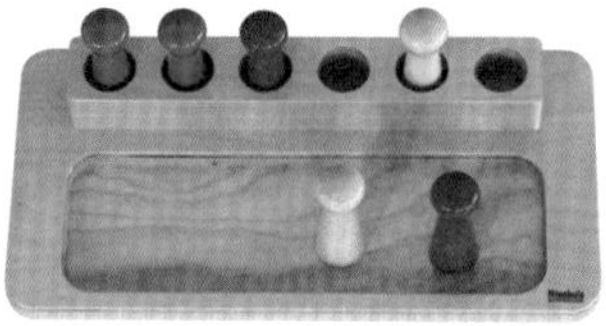

物體恆存盒

- 建議月齡：8個月
- 提示：球放進洞裡消失了，一會兒又從另一個洞裡出來了。孩子看到這一過程就會慢慢理解「看不見的物體也是存在的」這個道理，即物體恆存在的概念。

抽屜式物體恆存盒

- 建議月齡：9～11個月
- 提示：孩子很喜歡開關抽屜，可以給他們示範打開抽屜找到消失的球。

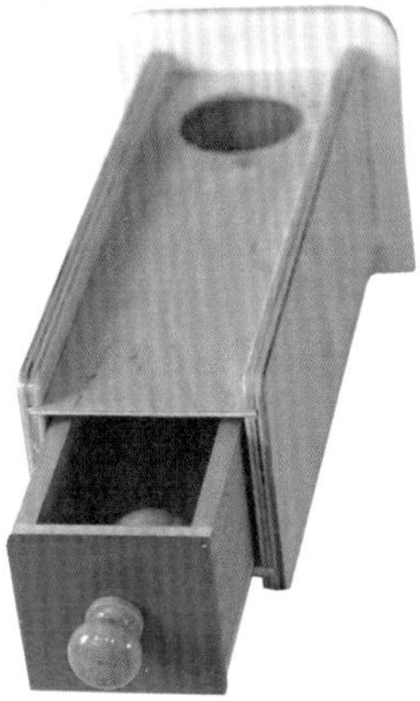

大圈套環

- 建議月齡：8個月
- 提示：套環玩具的環可以是金屬的或者竹子的，也可以是木頭的。

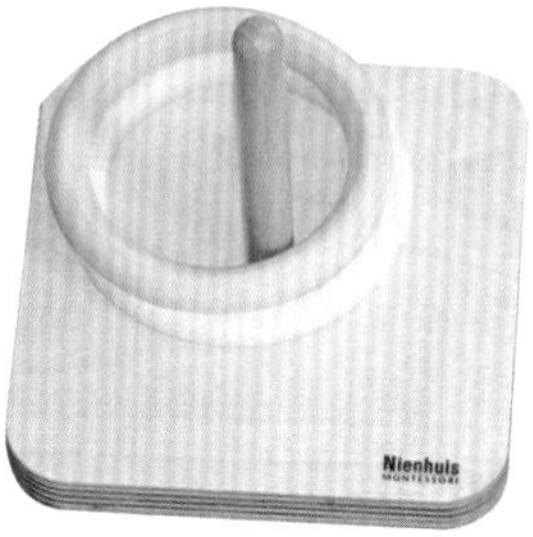

小圈套環

- 建議月齡：11個月
- 提示：每種套環玩具的環可以是逐漸變小的，也可以是尺寸一樣的。

擰

- 建議月齡：12個月
- 提示：可以在五金店選購比較容易擰的螺絲、螺絲帽，但是金屬材質的螺絲、螺絲帽要比木頭材質的螺絲、螺絲帽難度更大。

開關

- 建議月齡：12個月
- 提示：可以找來家裡各種小盒子、小瓶子、小錢包和比較容易開關的鎖，放到小筐裡讓孩子練習開關，並且定期更換。

追蹤視物軌道

- 建議月齡：9個月
- 提示：這個玩具可以鍛鍊孩子眼睛快速追蹤移動物體的能力，有益於提升孩子將來的閱讀能力和平衡能力。

語言啟蒙

語言發展需要四個必要條件：健康的聽覺器官、健康的發音器官、語言環境以及說話的意願。這四個條件缺一不可，其中前兩條是基因決定的，只有後兩條是父母可以施加影響的，且影響力非常之大。研究發現，父母在語言啟蒙方面給孩子以科學的教養，其影響會一直持續到小學階段。早期的語言能力甚至可以預測孩子小學時的智力水準和學習成績。

對父母來說，最簡單也是最有效的語言啟蒙方法就是親子閱讀。親子閱讀時間的長短會對孩子語言發展的快慢造成很大的影響。1～5歲孩子的平均閱讀時長將直接決定他們未來的詞彙量。

❶ 設置一個閱讀角

如果孩子斷奶進程順利的話，我們就可以給他準備一個閱讀角了。原先餵養區的哺乳沙發用於餵奶的機會越來越少，便可以挪用做親子共讀的沙發。我們可以將這個靠窗的角落改成閱讀角。

布置一個小型的書架，不要同時陳列太多書，還要注意定期

更換。書架上可以保留孩子最喜歡的兩本書，再放一兩本韻律詩歌。如果有一個迷你小沙發就更好了，孩子會逐漸習慣自己坐在小沙發上看書。

❷ 精心選擇繪本

首先，繪本要盡量符合孩子的年齡認知，可以比我們預估的稍微高出一點。父母需要透過細緻觀察瞭解孩子的語言理解和認知能力，進而為孩子挑選符合他們認知水準的繪本。

其次，故事要有不太緊張的過程，以及圓滿的結局。太過緊張甚至恐怖的情節容易引起孩子的焦慮和恐懼。

最後，繪本要有藝術美感，精緻童趣的同時也要盡量基於現實。在生命最初的三年裡，孩子是渴望認識、瞭解周邊世界的。流行的童話、傳說、故事多是為了取悅大人，虛幻的故事遠不如描述現實世界的故事更能幫助幼齡兒童提高認知能力，或許還會給他們帶來不少的困惑。

我們推薦那些講述其他孩子的故事，因為孩子們往往都對其他小孩的生活很感興趣。還推薦帶孩子認識動物的故事書，因為孩子們在真實世界裡看到的動物是不會說話的，但是繪本裡的動物卻和人一樣行走和生活，實在是矛盾呀，什麼是真的、什麼是假的呢？喜歡思考的小腦袋一定早已打了很多的問號。另外，我們還推薦一些介紹動植物生活習性的圖片百科書。

蒙媽日記

最近蔓蔓開始理解真假了，也許她早就理解了，只是剛學會用語言表達。

孩子在6歲前，尤其是3歲前，是分不清真實和虛幻的。我盡量給她講貼近現實的故事，幫助她發展認知能力，當然大部分繪本的擬人想像都很普遍，我也不排斥，發現她有困惑時，就會直接告訴她這是假的。

久而久之，她會說：「這不是真的鴨子，這是假的人，我假裝開車……」

❸ 親子共讀注意事項

親子共讀時不要只是乾巴巴地去念書上的文字，我們要跟隨孩子的興趣，他們關注哪裡，手指向哪裡，我們就自然地去聊哪裡。孩子們往往對畫面上的微小細節感興趣，不過閱讀和口語交流有根本的不同，閱讀輸入的是書面語，因此即使父母發揮創造力，也盡量要用書面語的形式來改編和精簡繪本文字。

我們還要用正常的語調和語速繪聲繪色地閱讀，這能極大地引起孩子繼續讀下去和反覆閱讀的興趣。每次讀完故事，我們就自然地翻到第一頁重新開始講，等到孩子不想繼續聽這個故事時，讓他從兩三本書裡再選出一本，直到聽得一點興趣都沒有。

如何翻書也是有技巧的，從書頁上方輕輕順下來到中間再翻，這樣的示範不容易破壞圖書。如果孩子撕壞了書，我們要誇張地表現出心疼、惋惜的樣子，讓孩子明白撕書是不好的行為。

我常常給女兒讀《聲律啟蒙》、《唐詩三百首》、《千字文》等，記得女兒剛過完1歲生日時，我每次讀詩讀到最後兩三個字都會特意慢下來，發現女兒很輕易就能接上最後一個字，不久便能一段段地背下來了。背誦並不是我們的目的，我們的目的是要讓孩子感受和吸收中文語言中的韻律美，這是我們口語交流和引進的繪本故事中所缺乏的。一項法國的研究顯示，嬰幼兒期熟悉韻律詩歌的孩子，將來出現閱讀障礙[9]的概率更低。

❹ 指認實物遊戲

除了閱讀，從孩子10個月大開始，我們就可以和他一起做指認實物的遊戲了。比如將兩到三種蔬菜放入籃子裡，然後拿出一根黃瓜，說：「黃瓜。」再拿起來聞一聞，摸一摸，之後放到孩子手上，讓他也摸一摸，說：「這是黃瓜，你可以將黃瓜給我。」接著將黃瓜放到一邊，再介紹另一種蔬菜。當孩子熟悉了所有蔬菜後，我們可以問他：「能給我黃瓜嗎？」

我們要輕鬆自然地和孩子一起指認身邊的一切實物，不要給孩子檢查對錯的感覺，如果孩子拿錯了，就自然地說：「哦，謝謝你給我番茄。」

---

9 閱讀障礙是一種學習困難的表現，症狀包括難以念出字詞、難以拼出單字、無法專注閱讀、難以連續書寫以及無法在閱讀時清楚念出字詞，或是無法理解閱讀的內容。

希瓦娜．蒙塔納羅博士在《生命重要的前三年》中寫道：

> 指認物品是有一個「敏感期」的……如果用恰當的方法回應孩子這種對語言的渴望，他們會獲得能讓他們終身受益的、豐富且精確的語言。

5 小心語言發展遲緩

其實孩子開口說話的年齡範圍在現實中從8個月到18個月大不等，如果父母給孩子提供了豐富的語言環境，但是持續六個月的時間，孩子的語言發展都沒有明顯的進步，父母就應該盡早諮詢專業機構了。

如果是正常範圍內的語言發展遲緩，父母需要觀察身邊環境是否給孩子造成了阻礙。

- 如果孩子一直在使用安撫奶嘴，這個階段應該考慮戒掉，起碼要限制使用，如果孩子整天叼著奶嘴，對語言發展的阻礙會很大。
- 如果家有老大的話，常常會出現老大代替寶寶說話的情況，這樣也容易造成語言發展遲緩。
- 雙胞胎和多語言兒童往往也會出現語言發展滯後的現象，這很普遍。
- 如果孩子在這個月齡階段出現耳朵感染，將對語言發展造成非常大的負面影響，父母要特別注意。

需要再次強調的是，如果家裡一直開著電視機、父母總是看著手機或者直接把iPad丟給孩子，那孩子會極其缺乏語言刺激，這對他們的智力發展及性格養成都很不利。如果孩子的主要活動區成為無電子產品區，家庭活動的中心區域不再是電視而是書架，父母便可專注地給孩子進行語言啟蒙了。

音樂啟蒙

音樂也是語言的一種。專業的蒙特梭利老師常用唱歌的方式與幼兒溝通，召喚他們來洗手、收拾屋子、安靜下來等，效果要比說話好得多。愛唱歌的父母也可以嘗試用唱歌的方式與孩子進行日常交流。

其實在孩子的世界裡，他們對音樂的理解比我們還要深、還要廣。身為成人，我們可能很久都不曾有興致駐足傾聽風聲、雨聲、蟈蟈的叫聲、波浪聲，而這一切對孩子來說都是美妙的音樂。我們要有意識地帶領孩子傾聽大自然的聲音，孩子就是大自然的小精靈。我們不要將自己對音樂的偏見過早地灌輸給孩子，給他們定義什麼是音樂、什麼是舞蹈，我們要給予他們豐富的音樂體驗，讓他們自己與音樂交流。

即使孩子的語言表達能力有限，剛出生的寶寶也會對在媽媽肚子中聽過的熟悉的音樂有反應。很多嬰幼兒都會在聽到歡快或者悲哀的曲調時展露出不同的表情，可見他們能與曲調中的情感共鳴，這是很多成人都已喪失的能力。對肢體剛剛有些控制能力的寶寶就會隨著音樂舞蹈，很多孩子都能跟上不同的音樂節拍。

在聽到喜歡的音樂時，我們可以即興自由地舞蹈，即使從未學過舞蹈，只要我們陶醉其中，孩子就會受到感染，不由自主地和我們一起用自己的方式表達對音樂的喜愛，比如爬的時候扭扭屁股，會走路之後開始轉圈。蒙特梭利博士曾經寫道：

音樂能夠透過獨一無二的方式觸動我們。我們能夠給予孩子的禮物沒有比幫他們打開音樂之門更好的了。

我們之前談過，面對面的交談才有益於孩子語言的發展，因此我們也要面對面地給孩子唱歌。唱得不好也不要緊，關鍵是你在唱。孩子喜歡父母的聲音。我們不需要總唱矮化兒童欣賞能力的低幼兒歌，儘管他們的確很喜歡那些，我們要盡量多唱一些曲調悠揚的歌曲、詩詞，或者簡單的民間小調，這樣能夠給孩子留下美妙的音樂體驗。

可以這樣做

我們建議家長可以這樣給孩子進行音樂啟蒙：

1. 在客廳的矮櫃上準備一個孩子能簡單操作的CD機，旁邊放幾張不同類型的音樂光碟，這樣孩子想聽音樂的時候可以自己打開，我們也可從源頭控制音樂品質。

2 音樂可以結合繪本，講述一下作曲家背後的故事。

3 為孩子演奏樂器能引起孩子對樂器和音樂更大的興趣，還要準備適宜孩子的小樂器，引導他們聽到不同的曲調奏響不同的樂器，全家一起奏起交響樂！

4 還可以和孩子一起靜靜聆聽不同樂器演奏的音樂，然後找到對應的樂器、樂器模型或者樂器卡片。

我們不提倡長時間開著CD機當背景音樂，這樣會阻礙孩子語言學習，而且不利於孩子專注地欣賞音樂，時間長了容易讓孩子煩躁。下圖推薦的是幾個可以在家操作的兒童樂器。

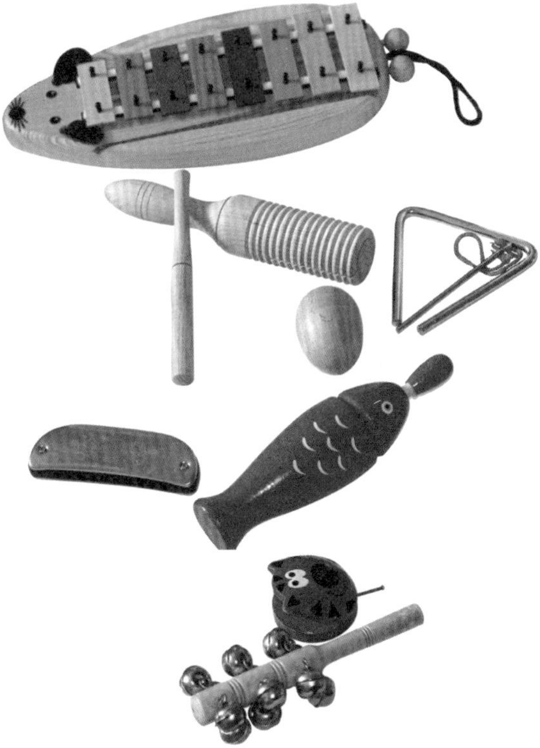

戶外運動

在德國，大部分兒童戶外活動的區域都有沙子、泥土和水，可見它們對孩子智力發展的促進作用是得到了廣泛認可的。

蒙媽日記

德國教育學者認為，透過玩沙子、泥土和水，孩子們學會了各種形狀和體積的概念，諸如空、實、上、下、裡、外、旁邊等，這些基本認知能幫助他們更好地建立自己的身體意象。

透過觸摸沙子、玩沙子，孩子能積累更多的感官經驗，具象理解軟、硬、光滑、粗糙的概念。我們鼓勵孩子在安全無汙染的沙子裡赤腳走路，甚至爬行，即便吃少量的沙子也無大礙。如果戶外沒有可靠的沙地，我們也可以在自家陽台上

買沙子布置。為孩子創設環境，讓孩子盡情地探索吧，他很快會發現沙子和水混合起來有多麼神奇！

你可能會覺得讓孩子玩泥沙很髒，你可能無法忍受孩子將地上的東西往嘴裡放，但這就是他們探索世界的方式。

除此之外，還要盡量創造機會帶孩子去接觸大自然，近距離觀察動植物。

關注孩子的精神世界：透過食物和媽媽分離而獨立

5～12個月期間，孩子會經歷很多變化。他們從開始滑行，到能夠倚靠著坐起來，再到可以連續翻身，然後能夠獨立坐起、爬行、扶著站立，而後可以獨自站立，最終邁出第一步。同時，他們還經歷了添加副食品、逐步斷奶等重大歷程，身心急速成長。

「我原來和媽媽不是一個人」

對孩子們來說，斷奶不單單是個飲食問題，更是與母親關係的巨大轉變，意味著他們的獨立之路往前邁進了大大的一步。孩子曾經透過食物與母親相連，如今要透過食物與媽媽分離。

在寶寶的世界裡，即使經過生產，身體上已經與媽媽分離，但他們精神上與媽媽還是一體的。在斷奶的過程中，他們才開始一點點地模模糊糊地明白，自己和媽媽不一定是個整體。直至18個月左右，他們才最終徹底確定，自己與媽媽是相互獨立的兩個個體，媽媽有自己的需求，有自己的喜怒哀樂。

「我很強大」

麗絲．艾略特博士發現：

剛出生時，嬰兒的前額葉皮層雖然也有微量的電位差，但多數研究表明，大腦皮層的情緒中樞要等到嬰兒6～8個月大時才真正開始發揮功能。嬰兒滿半歲以後，眶額皮層漸漸掌控嬰兒的情緒，這時，嬰兒才能夠真正感受情緒，並開始對邊緣系統下半部施展自我控制。

到8～9個月期間，嬰兒逐漸有了更高的認知能力，此時大腦前額葉活化導致他們的記憶、情緒等都異常活躍，他們會由此經歷一場名為「客體化」的精神危機。空間上，寶寶能夠自主地爬離父母，大動作發展較快的寶寶已經能扶著站立和走路了。孩子越是能自主地控制自己的身體，越覺得自己可以影響到周邊的環境，也就越覺得自己有力量。

蒙媽說

「孩子運動能力的飛躍必然會帶來內心世界不小的震動：

我可以做我想做的任何事情！

因此，環境的支持與否大大影響著孩子自尊、自信的建立，而父母的態度是這個環境中最重要的部分。」

有太多的父母只是表面上支援和鼓勵孩子，一旦孩子的行為稍微超出了他們的心理防線，他們就會無比緊張地脫口而出：「小心！」、「不要碰！」、「你會摔下來的！」有時候的確因為危險，但不得不說，也有很多時候僅僅是因為有些擺件對他們來說很重要，擔心被孩子摔壞罷了。

真正的支援，需要父母保持自信和冷靜，給予孩子最必要的保護。但是不要透過沒有任何效果的言語警告，給孩子輸入很多負面信號：「你不能！」、「你太小！」、「你做不到！」有的父母即使沒有說出來，表情或者動作也會很容易透露出這些信號。在沒有人身安全的威脅下，我們可以放手給孩子體驗的機會，讓他們自己去承擔嘗試的後果。

蒙媽日記

得益於常年跟孩子在一起，我知道世界上最多餘的兩個字就是「小心」，於是每次不小心脫口而出「小心」兩個字，我都要有意識地換個方式來表達。

今天蔓蔓突然準備頭朝下從沙發上往下爬，或許她習慣了這樣從落地床上往下爬。可是沙發比落地床高很多，這樣爬下去非常危險。我控制住自己緊張的動作和語氣，然後說：「沙發太高了！」

想不到孩子真的停下來看著我，我頓了頓，腦筋飛速地搜索合適的語言。「頭轉過去再往下爬。」說完，我還做了示範，出人意料的是，女兒真的模仿我安全地從沙發上爬了下來。

「媽媽走了，還會回來的」

這個階段，寶寶也會開始明白物體恆存在的道理：即使我看不到這個物體，它也依然存在。進而能理解他人的恆存在，尤其是媽媽的恆存在。因為8個月左右，嬰兒開始出現回憶能力，分離焦慮也由此產生。如果我們科學地幫助寶寶度過這些精神危機階段，他們便會逐漸對媽媽建立起信任感：即使媽媽離開我一陣子，她也會回來的。

很快，他們也想成為那個隨意來去的人，他們要自己決定什麼時候爬走，什麼時候回來，而等在原地的媽媽，就是這個階段寶寶眼裡的「好媽媽」。

「我要和陌生人保持距離」

孩子感覺到了自己的強大，一天比一天強大，但同時他也備感挫折，因為他很多時候還是那麼無力，任何人都能夠隨意侵犯他的領地，我們常常稱這個階段為「陌生人焦慮期」。

這些反差會讓他們十分矛盾，由此進入連環式的心理困境。如果父母理解並重視他們的情感，他們將很快突破障礙，在10～11個月期間，怕生現象就會逐漸消失。相反，如果我們在這個敏感時期強行將怕生的寶寶丟在他排斥的陌生人懷裡，或者讓他入托，那他很容易在未來很長一段時間內都無法自如地接納陌生人。

短短幾個月，孩子裡裡外外要經歷這麼多的變化，父母需要瞭解有關孩子精神世界的一切，才能更好地幫助他們平穩度過一個又一個心理危機，而後有準備地進入更加動盪並充滿挑戰的12～36個月。當孩子逐步掌握走路技能後，他們的小腦袋裡又會出現什麼風暴呢？

第 7 章

12～36個月，手把手帶你在家蒙特梭利

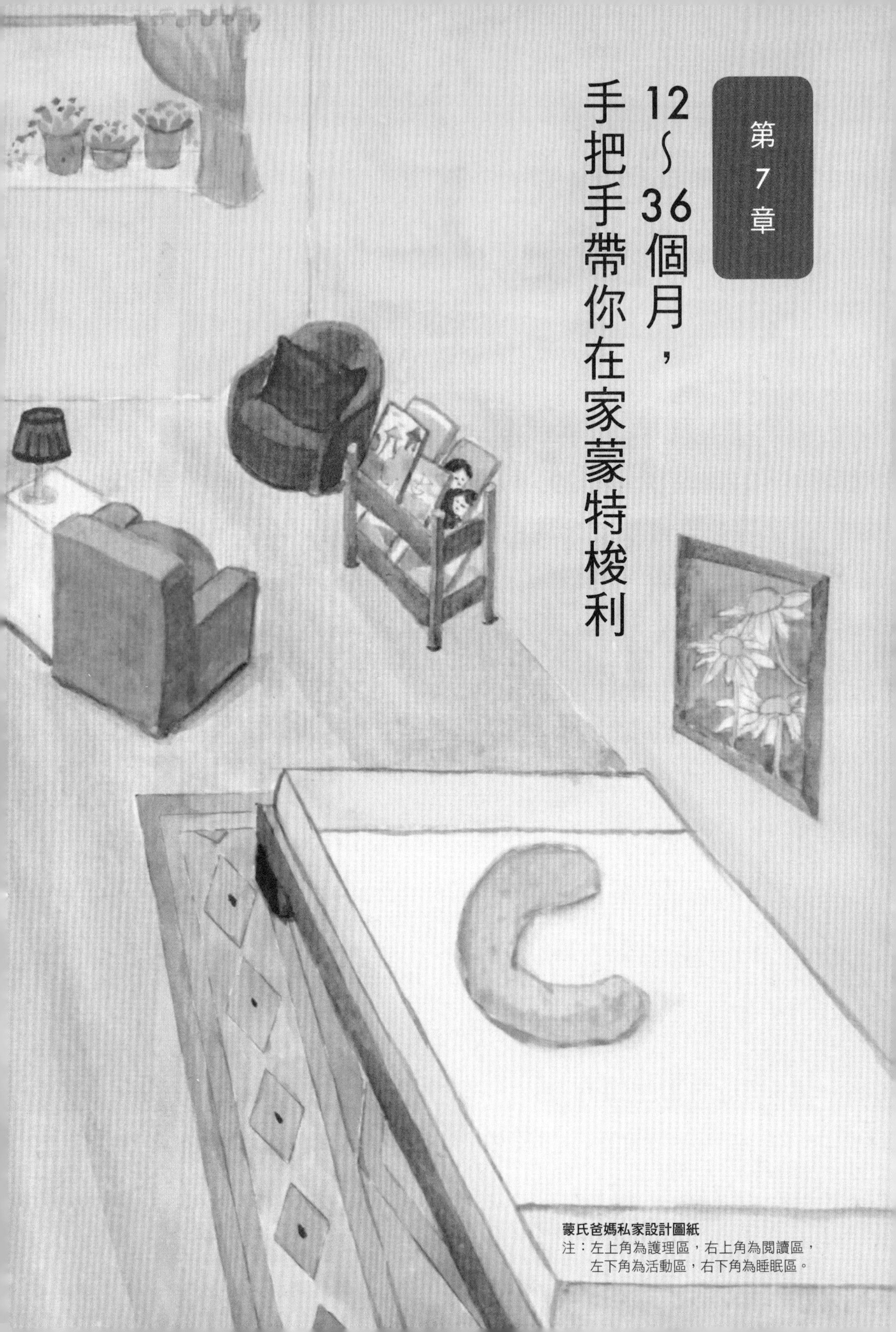

蒙氏爸媽私家設計圖紙

注：左上角為護理區，右上角為閱讀區，
左下角為活動區，右下角為睡眠區。

蒙氏寶寶成長觀察手記

13個月

大動作	●開始嘗試著上下台階，但是下台階還是有一定難度 ●大部分時間還是扶著椅子走路或者推車走路 ●儘管搖搖晃晃，但是更有信心獨自走幾步了
精細動作	●能夠獨立剝雞蛋殼 ●想要什麼的時候就用食指指 ●喜歡玩電話，掛上再拿下來再掛上
語言	●能聽出自己的名字，但是還說不出來 ●在合適的情境下能說出五六個字 ●媽媽做得不合她意時，會有不高興的表情 ●聽到熟悉的曲調時，會發出一些有調的聲音
認知	●喜歡用粉筆或者蠟筆塗鴉，不再往嘴裡放蠟筆和粉筆了 ●喜歡模仿大人擦桌子 ●喜歡在書裡找熟悉的事物 ●能更長時間地專注於最簡單的拼圖 ●能識別出一些抽象的圖案
社交	●開始想要自己穿脫衣服 ●越來越不想睡下午覺 ●高興的時候會跟媽媽有親昵的動作 ●會把自己的玩具送給別的小朋友玩 ●喜歡在比她大的孩子旁邊玩

14個月

大動作	●能跌跌撞撞地在房間裡小跑 ●能在走路過程中停下來轉變方向 ●在外面的時候想要獨立走路 ●能自己爬上很多台階 ●即使能走路了，偶爾還是會爬一爬
精細動作	●能獨立剝橘子皮 ●能疊起兩三個方塊積木 ●能獨立開關抽屜
語言	●大人唱歌的時候也跟著唱 ●認識很多身體的部位 ●別的孩子聊天的時候，在一旁認真地聽 ●和爸爸媽媽一起玩樂器的同時，會咿咿呀呀地哼唱，那調子像在說話 ●能模仿同齡孩子說出一些字
認知	●如果有爸爸媽媽陪在身邊，能完成一項比較簡單但用時較長的工作 ●有時候中途放下正在進行的工作，過一會兒還會回來繼續做 ●興奮地探索整個家的每個角落，但是意識不到危險 ●當爸爸媽媽講故事的時候，會很認真地聽 ●可以將模型和相應的卡片配對
社交	●在集體環境中，大部分時間比較放鬆，但還是會害怕某些陌生人 ●越來越意識到自己喜歡什麼，不喜歡什麼 ●害怕的事物更多了，比如某種動物 ●喜歡自理，喜歡幫助媽媽做家務 ●會表現出更依賴某個成人，但只是階段性的

15個月

大動作	●能自如地在房間裡走來走去 ●走路的時候胳膊放鬆，胳膊更靠近身體了 ●走路的時候可以停下來蹲下撿東西 ●開始模仿別人踢球的動作，即使會因此站不穩，也還是樂此不疲地嘗試 ●可以自己爬上椅子，然後自己下來
精細動作	●能獨立撕開、黏合鞋子上的黏扣 ●在大人的幫助下，可以往下拉衣服的拉鍊 ●能將類似硬幣的小圓片放入零錢罐
語言	●能說四五個詞了 ●能聽懂大量她還不會說的話 ●當媽媽唱熟悉的歌曲時，她會非常開心 ●能聽懂越來越多的指令
認知	●能很專注地完成一項工作，比如開始學著穿鞋 ●如果讓她收拾玩具，有時候會遵從 ●喜歡玩水和沙子
社交	●執拗地要得到想要的東西 ●當做不到想要做的事情時，會發脾氣 ●堅持要自己吃飯，即使有時候還不能吃得很順利 ●想要探索一切，即使在看起來很危險的情況下 ●看到媽媽和其他孩子在一起時，會表現出些許嫉妒 ●很喜歡和家人一起用餐的時光 ●開始使用一些簡單的社交語言，比如「嗨」、「拜拜」等

16～18個月

大動作	●喜歡自己開關門 ●在有支撐的情況下，可以蹬上梯凳開水龍頭洗手 ●可以騎滑板車 ●能自己爬上沙發、椅子和比較矮的桌子 ●能一邊拉著玩具一邊走路 ●可以抓著欄杆上下樓梯 ●可以自己坐在小自行車上 ●開始跑 ●開始倒著走 ●可以用「飛衣服」的方式穿上外套（參見228頁）
精細動作	●能用繩子串大環 ●可以很好地翻閱圖書 ●能獨立擦玻璃 ●能獨立澆花 ●能獨立擦葉子 ●能獨立擦鼻涕 ●可以堆起幾塊積木 ●能翻倒盒子將裡面的東西倒出來 ●能把牛奶杯裡的水倒進水杯裡
語言	●能快速理解一個新詞，並將其與對應的事物聯繫起來 ●看到書裡熟悉的事物會叫出名字 ●能準確地叫出自己的名字 ●能說出簡單的詞彙組合，例如「媽媽下」 ●常問「這是什麼」的問題
認知	●能區分簡單的幾個顏色和形狀 ●喜歡在兩到三個選項中選擇中意的 ●開始畫油畫

（續表）

社交	●能自己一個人玩很久，不喜歡分享 ●會去別人手裡拿她喜歡的玩具 ●喜歡在別的孩子旁邊玩，但是還沒有太多互動 ●喜歡模仿成人的一切日常活動 ●可以獨立穿一部分衣物，比如褲子、襪子、鞋子 ●開始可以和成人進行一定的合作，但是需要比較長的反應時間 ●看到爸爸媽媽抱別的孩子，會表現出一定程度的嫉妒

19～24個月

大動作	●可以跑得很快，同時還能繞開障礙 ●可以兩腳同時離地跳躍，也可以往前跳 ●可以獨立上下樓，兩隻腳同時在一個台階上 ●開始騎平衡車 ●可以自己脫下寬大的衣服
精細動作	●可以在大人的幫助下刷牙，能獨立漱口 ●可以用很多方塊搭建成塔狀 ●可以透過旋轉手腕來擰開瓶蓋 ●可以畫豎的或水平的線條，可以畫圓圈 ●可以用食指和拇指捏著小珠子穿線 ●可以用小剪子剪東西 ●可以獨立擦鏡子、給木飾打蠟 ●可以在大人的幫助下插花和種植 ●可以在大人的幫助下和麵、壓檸檬汁、切雞蛋、切蘋果 ●可以獨立晾衣服 ●地板被灑上水時可以獨立拖乾
語言	●可以回答簡單的問題，比如：「你叫什麼名字？」、「爸爸做什麼呢？」 ●能明白很複雜的連環指令 ●能唱幾首簡單的歌，能背幾句詩詞 ●能說一些簡單的句子，可能會有語法錯誤 ●會用動詞、形容詞、冠詞

（續表）

認知	●可以進行大概的分類 ●喜歡餵養動物 ●可以一個人在讀書角長時間地看書 ●會模仿爸爸媽媽用抹布除塵和掃地 ●會拼更複雜的拼圖 ●會將橡皮泥捏成一定的形狀 ●開始明白「將來」的表達，比如「一會兒」、「過很久」 ●能記住很多過去的事情 ●不明白「過去」的狀態，比如昨天 ●開始理解一一對應的關係，比如一個人一個杯子 ●對危險有過度的警覺 ●更加確信自己是一個獨立的個體，不停地重複「不」，比如「不是我做的」、「不，這是我的」，並表現出更加豐富多變的情緒，比如內疚和自豪 ●有一定的聯想能力，比如將漢字「之」聯想成熟悉的滑板車，將畫出的曲線聯想成水等
社交	●仍然喜歡在其他孩子旁邊玩，一起玩的話就會有很多摩擦 ●喜歡幫忙布置餐桌、收拾餐桌、洗碗 ●開始意識到不同的性別和自己的性別 ●面對某些陌生人或者在某些陌生的場合會害羞，需要一段時間才能放開 ●高興的時候會跟路上所有的人打招呼 ●開始理解別人可能會有不同的需求和情緒，有了一定的共情能力

25～36個月

大動作	●可以交換前後腳走很窄的小道，也可以倒著走 ●能輕鬆爬上遊樂園的梯子 ●騎三輪腳踏車時能控制方向 ●能舉起球往前扔到要扔的地方 ●能更精確地踢到球
精細動作	●可以給鞋子上油 ●能獨立清掃乾淨灑落在地板上的橘子皮 ●能獨立洗手帕 ●會用正確的方式握筆 ●能認出寫在紙上的自己的名字 ●塗鴉更加豐富 ●能描畫虛線
語言	●能回答更複雜的問句，例如：「今天在奶奶家做什麼了？」 ●學會使用人稱代詞你、我、他 ●能明白更複雜的繪本的情節 ●可以和成人及別的孩子聊天 ●開始在玩的時候和走路的時候描述當下的狀況 ●開始用「什麼」、「哪裡」、「誰」這些詞來提問 ●發音越來越準確

（續表）

認知	●喜歡做黏貼、剪紙、縫紉的工作 ●開始用水彩作畫 ●開始比較不同物體的大小，然後以大小將它們分類 ●能夠理解和使用代表數字和顏色的詞彙 ●開始參與到手指遊戲和聽歌謠做動作的活動中 ●能夠回顧當天發生的重要事情 ●突然回憶起很久以前的事情 ●會說出一些有哲理的話 ●強烈地喜歡或討厭父母的某一件衣服 ●有了明顯的羞恥心，蹲馬桶的時候要求關門
社交	●大人不舒服的時候會噓寒問暖，並貼心地照顧 ●能和其他孩子一起合作式玩耍 ●當很多孩子比較集中地在一起時，會不自在，想要離開 ●開始能幫助其他孩子完成一些工作 ●能更加耐心地等待，也逐漸開始分享 ●透過閱讀情緒類繪本的故事，可以消除一些緊張和恐懼的情緒 ●不高興的時候會跺腳

進餐區設計精髓：自發性愛上吃飯

蒙特梭利博士在一九四六年倫敦演講中說到，父母在照顧孩子的過程中都太注重衛生，而忽略了運動、認知等其他方面的發展。同樣對於吃飯，我覺得當今很多父母依然認為這只是一件關乎營養的事情，殊不知嬰幼兒時期的飯桌經驗關係到孩子將來對待食物的態度，以及是否會帶來貪食症、厭食症、肥胖症等問題。作為父母，我們也要反觀一下自己是否對食物有貪婪或厭棄的態度，因為這些都會潛移默化地影響到自己的孩子。

尊重孩子的胃口

與在法國家庭觀察到的相比，我們華人家庭有一個很大的不同是，當孩子表達出不想繼續吃的信號時，面對剩飯，華人父母一般都會鼓勵或誘導孩子吃完。因為在過去的年代，人們常常吃不飽、穿

不暖，所以在傳統文化中，剩飯是一種沒有教養的行為。然而到了今天，和過去物資匱乏的時代不同，我們面臨的更多的是孩子無法掌控自己胃口的問題，因為孩子容易在大人的影響下吃更多多餘的食物。

當孩子表達出不想繼續吃的意願時，我們要堅持尊重他的胃口，容忍這一點浪費。這樣做會向孩子發出一個信號，就是吃多少要看自己的胃口，而不是碗裡有多少。為了既能尊重孩子的胃口，又更少地浪費食物，我們可以學習歐洲父母的做法，在孩子1歲以後，先給他盛一點飯到盤子裡，吃完一盤之後自己盛飯，自己決定還要吃多少。不用擔心孩子吃得不夠，一頓吃得少些，下一頓就會吃得多些，今天吃得少些，明天就會吃得多些。不放心的話，就做一個一週飲食觀察記錄表，你會發現，孩子真的能把自己餵飽（不是餵撐）。

孩子開始走路後，胃口減少也是再正常不過

的事，因為「走路」變成了他們當前最感興趣的事。副食品敏感期已過，成長速度也會逐漸放緩。這時候孩子的手眼協調能力越來越發達，用叉子、勺子的技能逐漸提高，當孩子吃飯不會灑落太多的時候，我們就可以撤掉餐椅前的餐盤，將餐椅併到飯桌旁，讓孩子直接和大人同桌吃飯了，孩子也可以自己上下餐椅。當孩子認為自己吃飽了之後，就允許他自己爬下餐椅，離開餐桌。

讓孩子愛上吃飯

很多家長對孩子不愛吃飯尤其感到頭疼，每頓飯都要追著孩子餵，不得已將自己修練成廚藝大師，改觀也不大。其實修練廚藝倒不如讓孩子參與食物的準備過程，這樣更能激發孩子對食物的興趣。可以讓孩子幫助父母布置餐桌、端菜、參與飯後的餐桌清理和洗碗，與父母一起快樂地享受用餐前後的勞動時光。讓孩子參與到真正的家庭生活中來，才能讓他感覺到和家人一起吃飯是件很美好的事，胃口當然也不會太差。

孩子會本能地抗拒不熟悉的食物，我們盡量不要強迫孩子吃他不願意吃的食物，但是在孩子拒絕進行初次嘗試的時候，可以堅定而溫和地說：「你有權利不吃這種食物，但是要在嚐過以後再決定。」當然，第一次吃某種食物時，他們都會表現出很討厭的樣子，但是法國父母會堅持反覆地將這種食物擺上餐桌，神奇的是，最多在二十天之後，孩子就會喜歡上這種父母愛吃的餐桌常見營養食物了。

等到了1歲半以後的自我認可期，不少孩子也會開始抗拒食物，那是自我意識的一種表現方式。我們不要焦慮，更不要強迫，營造一個舒適溫馨的獨立用餐環境很重要，千萬不要一邊看電視一邊吃飯。

蒙媽日記

自從女兒入托後，我不小心讓她養成了一個壞習慣。因為她一開始吃不慣學校的德國餐，所以每天去接她時，我就給她帶很多吃的，「小吃貨」每次都要一掃而空。這樣做的結果就是，她晚餐吃得沒有以前好了。

我意識到應該盡量讓孩子在晚餐之前的兩小時不進食，下午餐吃點容易消化的食物，才不會影響孩子晚餐時的胃口。

雖然我做了調整，但女兒已經養成了晚餐不好好吃的習慣。這可怎麼辦呢？

儘管我也開始不由自主地擔憂起她的營養問題，忍不住想催促她、誘導她吃點這個嚐點那個，但是我知道這樣做根本沒用。於是我努力將注意力從飯桌上轉移，和她邊吃邊聊點別的，讓孩子自主吃飯，看到她開始不想吃甚至搗亂的時候，就問她是否吃完了，吃完就請她離開餐桌，並和她一起將餐盤、勺子、叉子放回。

收拾的時候，我還提醒女兒：「嗯，你覺得肚子飽了，所以決定不吃了。」因為我知道她很可能一會兒又來找吃的。

剛開始的幾天的確這樣，女兒過一會兒就餓了要吃東西，我會溫和地說：「嗯，我知道你肚子餓了，想吃東西了，可是晚餐已經結束了，下一頓你可以多吃點。」

堅持這個原則不變，不能心軟，娃很快就重新愛上吃飯了。

餐桌禮儀早培養

孩子飯桌上的表現往往也是家庭教育的驗收單。我們常常以為等孩子長大了自然就會學會吃飯的規矩，殊不知等到孩子上了幼稚園，甚至上了小學，他的用餐禮儀還是一塌糊塗。其實在孩子能夠獨立吃飯的時候，就應該循序漸進地給他示範正確的餐桌禮儀了。比如餐具擺放，還有嘴裡有食物時不說話、細嚼慢嚥、打噴嚏要迴避等。如果孩子開始玩食物，那說明他不再餓了，就請他離開餐桌。

在法國，很多孩子從小就有嚴格的用餐時間，三餐之外只有下午的點心時間，每餐之間基本不進食。由於法國的生冷食物比較多，所以大人和孩子的食物常常會不一樣。如果孩子要吃大人盤中的食物，法國父母會很認真地告訴他：這是大人吃的食物。法國的孩子從小就自然地接受了大人吃的食物他們不可以吃的習慣。這就是為什麼在餐廳，我們經常看到只有法國的孩子才會乖乖地坐在那裡像個小大人一樣優雅地進餐。

睡眠區設計精髓：漸進嘗試分房睡

這一階段，可以繼續使用落地床。當孩子身高允許，並且不易掉下床時，就可以將原先的床架加回

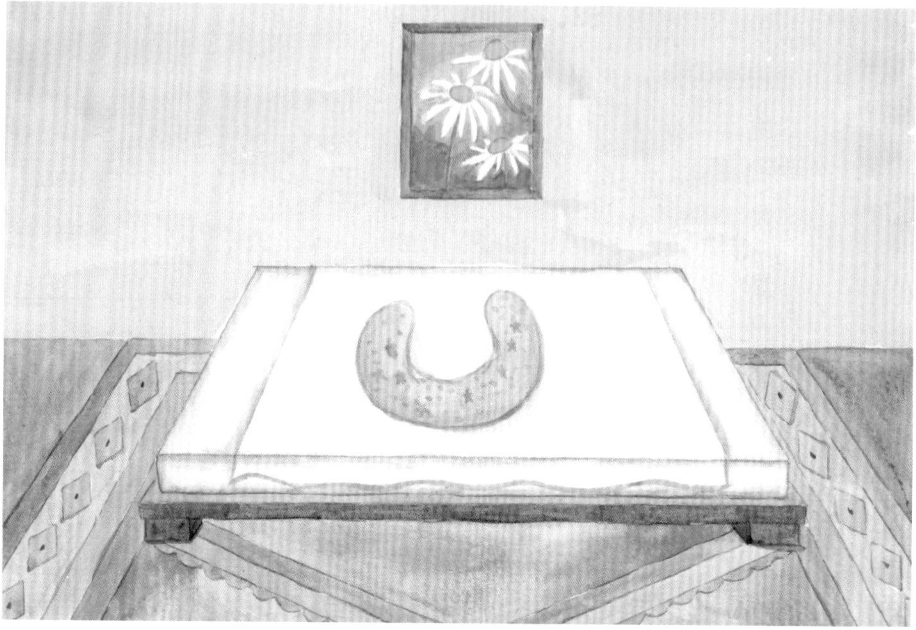

去了，同時可以用厚地毯來減少床和地板之間的落差。不管以何種形式，只要滿足孩子能安全、自由地上下床這一條件即可。

這個階段也可以漸進式地嘗試分房睡，不論是從夫妻感情、二胎準備的角度考慮，還是為了孩子的獨立，以及與父母建立更加健康的依戀關係。如果難以做到也不用擔心，保持這個意識，在全家人都做好準備的時候，再行努力。

建立加長版的睡前程式

1歲以後，寶寶越來越愛晚睡，常常需要半小時的時間來進入睡眠。這是因為孩子進入了一個新的生活週期，他們開始站立起來走路，白天的活動量越來越大，並且他們有了更豐富的社交生活，越來越喜歡和大家互動，因而到了晚上也不願意睡覺。

他們的肌肉和大腦與之前相比需要更長的時

間才能放鬆下來，體溫也需要更長時間才能降下來。因此睡前太多的活動和太吵鬧的環境都很容易對孩子造成各種睡眠障礙，不僅讓入睡變得更加困難，即使睡著也會異常躁動。所以建立並堅持一個合理且時間足夠長的睡前程式很有必要。

可以這樣做

給大家分享一下我家女兒的睡前程式，作為參考：

1. 先讓女兒和爸爸安靜地玩一會兒，然後收拾玩具。
2. 快到睡覺時間時，要分兩三次提前提醒，讓她有一定的心理準備，快到時間時，可以幫助她一起完成遊戲和收拾工作。
3. 洗完澡，刷完牙，將燈光調暗，幫女兒穿上睡衣。
4. 爸爸給女兒講睡前故事，然後媽媽唱《搖籃曲》的同時給她按摩，輕聲細語地和她回憶一天之中發生的美好事情，淡化遇到的挫折、困難。
5. 將女兒喜歡的玩偶放在她懷裡，親吻女兒，與她道晚安。

隨著年齡的增長，孩子會找各種藉口拖延睡覺時間，這些藉口很容易識別，也可以在睡前都做完。父母要溫柔、堅定地不回應他的各種不睡覺的藉口。如果孩子睡前故意惹父母生氣，也盡量用溫和的語言堅持原則。不要讓孩子睡前太緊張，也不要透過取消睡前程式來懲罰他。可以給他講個簡短的故事或者唱首催眠曲，盡量保證他睡前心情平和。

從容應對夜醒和噩夢

在1歲半到2歲之間，本來能睡整覺的孩子可能會在夜間醒來，而且次數逐漸增多，這與他們進入了自我認可期有關。他們意識到自己是獨立的個體，進而引發了焦慮。這時，父母更要給孩子輕鬆、柔和的睡前程式。如果孩子半夜醒來哭泣，先不要立刻安撫，要給孩子重新獨立入睡的機會，他們一般可以自己再睡著。如果沒有什麼特殊情況，哭聲不會持續太久，但是半夜的哭聲總讓人感覺時間很長，其實你每次可以冷靜地測一下時間，大部分時候會發現，孩子沒過多久就自己睡著了。如果哭聲一直持續，就要溫柔地給予安慰，過一段時間之後，就會重新迎來孩子的好睡眠。

這個階段的孩子既要爭取獨立自主，又害怕一個人面對危險，心理活動非常複雜，晚上可能會做更多的夢。如果孩子因做噩夢而半夜驚醒，那麼父母應該能識別出不同以往的哭聲。這時應立即打開微弱的燈光，抱著他，安撫他，可以和他聊聊天，聊一些讓他感到放鬆的話題，給他足夠的時間真正從夢中醒來，知道父母在身邊。等到他情緒平穩後，再安撫他入睡。孩子會做夢，意味著他開始擁有越來越多獨立於媽媽的內心世界。

護理區設計精髓：練習如廁與穿脫

當孩子能獨立行走之後，我們可以將原先的活動區改為護理區。

活動區的鏡子變身穿衣鏡，將衣櫃與矮櫃的位置互換，放在鏡子旁邊方便換衣。到了這個階段，孩子完全不需要在換洗台上換尿布了，因此我們可以將換洗墊撤掉，同時將收納布袋掛在鏡子旁邊，讓孩子自行取用其中的護理用品，比如梳子、髮圈、紙巾等。乳液、潤膚油等也可以取出一部分放在一個小容器中讓孩子自行取用。

循序漸進的如廁引導

當孩子能夠站立甚至走路後，我們完全可以讓他站著換尿布。再過段時間，就可以開始準備如廁環境，當孩子表現出自主如廁的信號時，便及時開始進行如廁引導。

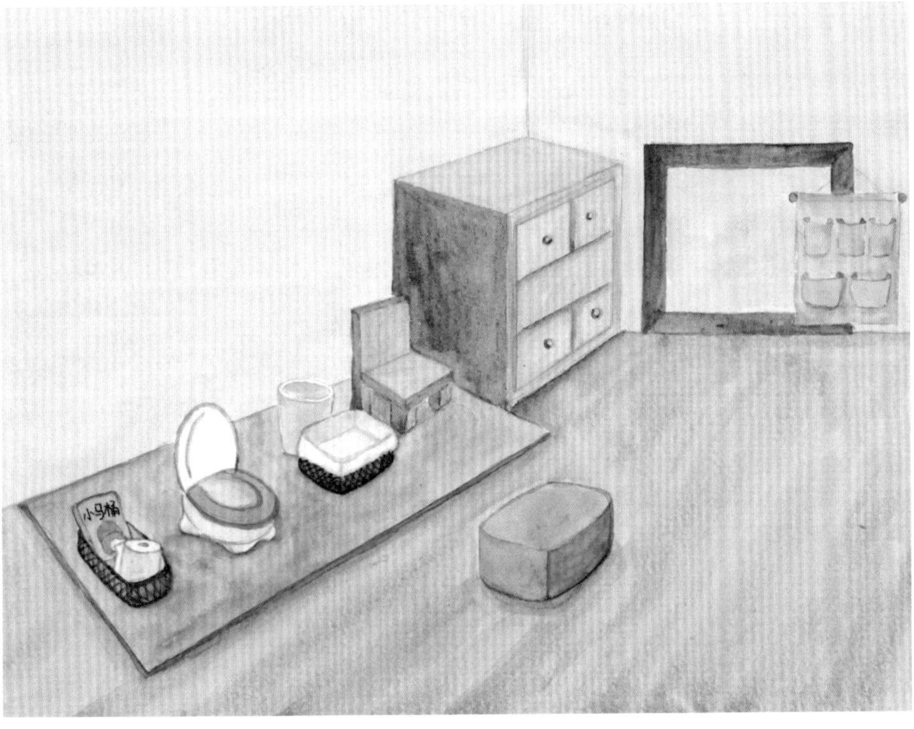

我們應在孩子活動最多的地方設置這個區域，如果洗手間不遠的話，也可以設置在洗手間。

我們家將如廁環境設置在孩子房間的護理區，這個小環境裡有小馬桶、分別放濕內褲和乾淨內褲的收納筐、高度合適的小板凳、少量的衛生紙、幾本如廁相關的繪本和一個大人用的小凳子。剛開始，如果孩子沒有耐心蹲在馬桶上，我們可以坐在一旁給他講相關的如廁故事。如果地板太滑，可以鋪一塊摩擦力大的小地毯，防止孩子摔倒。

蒙特梭利教育提倡從孩子出生起盡量給他們使用布尿褲，如此可以幫助孩子積累足夠的感官體驗，孩子不喜歡濕濕的感覺，就會更早地有意識地去控制大小便。不到1歲半，髓鞘化已經允許大腦開始控制括約肌了，理論上說，這時孩子的生理條件就已經允許獨立如廁了。布尿褲的缺點就是清潔工作太繁重，但如果家裡有條件的話，還是首先推薦布尿褲。

如今紙尿褲的普及讓孩子學習如廁的時間推後了很多，現代科技幫我們省力的同時，也讓我們對其產生了過度依賴。

我們家雖然也在大部分時間給孩子使用紙尿褲，但一直在有準備地觀察，當女兒表現出準備好獨立如廁的信號時，比如開始拉扯尿布、能很長時間保持尿布乾燥、尿布濕了會告訴我們或者大便的時候會躲在小角落等，我們就給她換成小內褲。蹲下來，看著她，用簡單、正確的語言告訴她這是什麼，以及要怎麼做。要有機會讓孩子看到大人如廁的過程，並閱讀一些相關的繪本，這樣能幫助他更好地理解這個過程。自然地使用科學的語言，比如告訴孩子：「我感覺到膀胱有脹的感覺，我要用馬桶了。」

剛開始，我們可以時常提醒孩子用馬桶，可以每個小時提醒一次，並在睡前、醒後、飯後、出門前、洗澡前、游泳前等特定時間提醒。不要問他是否想上廁所，直接告訴他：「現在是上廁所的時間。」順利的話，我們會發現，以後的間隔時間可以從一個小時變成兩個小時。

開始時孩子會對上廁所很感興趣，如果遇到一些挫折，或者時間一長，又會開始抵觸。我們只需要堅持每天準備好如廁的環境，溫和地提醒，以及巧妙地引導，比如我們可以坐在馬桶旁邊的小凳子上興致勃勃地看一本與如廁相關的書，偶爾讀出他喜歡的片段，當他好奇地湊過來時，我們就將他的小內褲脫下來讓他坐在馬桶上。我們的堅持會讓他逐漸明白，如廁是一件每天都要做的事。

如廁學習的時間或長或短，因人而異，要透過觀察把握最佳的開始時機，一旦開始，就盡量不要暫停，不然會事倍功半。然後就準備好足夠的耐心和精力去捲

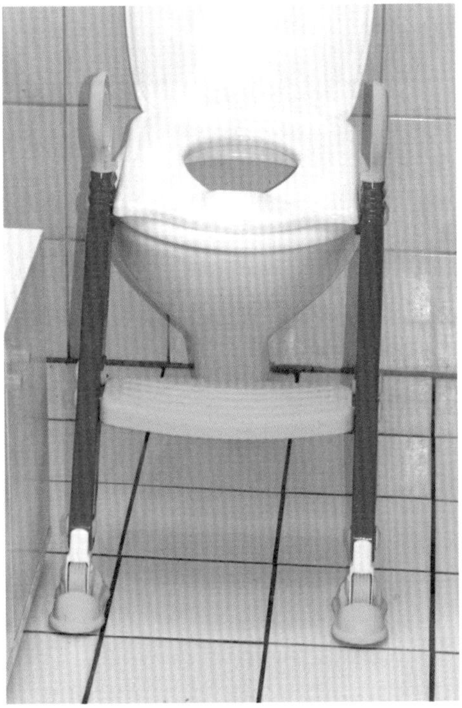

起袖子做清潔工作吧。如果恰巧在夏天進行，會更容易成功，因為單獨的一件小內褲，孩子更容易脫下來，父母也不需要清洗更多的衣物。

當孩子已經能很自如地如廁後，就可以準備一個小馬桶圈和一個小凳子，將家裡大人用的馬桶「裝備」起來，讓孩子踩上小凳子使用大人的馬桶。

我們要保持從語言到表情再到心態上的放鬆。順其自然，切忌給孩子施壓。如果孩子抗拒，就緩慢進行，操之過急容易導致孩子便祕或者尿不盡。當孩子如廁成功時，我們最好也不要有太誇張的反應甚至給予獎賞，雖然我們很容易這樣做。可以用平常的口吻微笑著說：「我看到你在馬桶裡大便了。」如果孩子反覆地在地板上小便，我們也要避免有任何責備的語氣，同樣自然地說：「我看到你的小內褲濕了，要換一條新的了。我們還需要清理一下地板。」

很多法國家庭也是讓孩子1歲半左右開始練習如廁，在2歲半上幼稚園之前，大部分孩子就已經能夠獨立如廁了。國外研究表明，如果27個月後開始對孩子進行如廁引導，大部分孩子會迅速學會獨立地如廁。如果如廁學習開始得早，很可能要花費更長的時間。

無論開始早晚，輕輕鬆鬆的狀態都比緊張焦慮的過程要好很多。沒有孩子到了10歲還需要尿布，但是很多人在成年之後都有各種如廁問題，這可能就源於學習如廁那段時間父母的態度。

我們要相信孩子的能力，只要方法得當，他們都會順其自然地與尿布告別。

玄關設計幫孩子實現獨立穿脫

1歲之後，孩子開始喜歡自己穿脫衣服，此時推薦不帶鈕扣和拉鍊的鬆緊帶長褲或短褲，便於孩子獨立穿上和脫下。開始走路之後，孩子就需要鞋子了。剛開始選擇鞋子的時候，盡量不要選帶鞋帶或者皮帶扣的。我們也鼓勵在安全的前提下，讓孩子盡可能多地赤腳走路，這對孩子的平衡協調能力和感官刺激都非常有幫助。

我們不僅要給孩子選好合適的衣物，也要給他準備好合適的環境，幫助孩子實現獨立穿脫。

在家裡的玄關處，我們需要準備適合孩子高度的掛衣鉤、可以坐著換鞋的小板凳、放置鞋子的鞋櫃或者鞋架，以及收納圍巾、帽子、手套等小件衣物的收納筐等。孩子可以在進出門的時候自主穿脫和收納衣物。

活動區設計精髓：生活自理、參與家務

我在護理區部分講到，我們將衣櫃和矮櫃互換了位置，在此階段，矮櫃可以陳列更多樣、更複雜的活動工具了。如果孩子大部分時間在客廳活動，也可以將桌椅轉移到客廳，在客廳也準備一個活動矮櫃。其實當孩子能夠獨立行走時，整個屋子都成了他們的活動區。

此時活動區還需要準備一套適合孩子高度的桌子和椅子，他們可以在這個桌子上進行畫畫、手工、拼圖等所有適合桌面的活動。這把椅子最好

既結實又輕巧，孩子可以自由搬動到別的地方使用，而且坐下來時，腳能著地。

1歲之後，尤其是1歲半之後，孩子的活動能力呈爆發式增長，我們除了要給他們提供輔助動作和語言發展的活動，還要增加有關日常生活的各種練習。孩子們開始模仿大人穿衣、梳洗以及做各種家務，這個階段他們有了更加強烈的獨立意識和自我意識，也要透過掌握這些技能來證明「我長大了」、「我很能幹」。我們常常低估孩子的能力，總說「你太小了」、「這個太危險了」之類的話，殊不知經常性地否定和拒絕會讓孩子有更強烈的反抗意識。其實只要我們給孩子提供合適的工具和正確的示範，他們的表現就會遠遠超出我們的想像。

蒙媽日記

昨天朋友帶孩子來玩，兩個小女孩心血來潮撕廢舊雜誌貼到手上，然後笑得前仰後合。

我提議說：「可以用剪刀剪啊。」朋友大驚失色，讓2歲多的孩子拿剪刀？

女兒噔噔地跑去拿來自己的小剪刀，開始俐落地剪雜誌，旁邊的小夥伴看得躍躍欲試。

我說：「你也可以試試。」朋友說：「不行吧，她會傷到自己的。」

可是小女孩堅持要玩，我給她用慢動作示範了一下，小女孩就迫不及待地開始剪了，她雖然動作很笨拙，但是成功剪下來好多，超級有成就感。一刻不安分的她一直剪啊剪。

女兒用剪刀，我開始也只是示範了一下，並告訴她安全注意事項，比如不能拿著晃，拿的時候要握住剪刀頭等。之後就把剪刀放在她的工作桌上，讓她隨時取用。因為是圓頭的兒童剪刀，一點兒也不鋒利，所以我不擔心她會嚴重受傷。

每次有什麼包裝袋要剪開，她就自告奮勇跑去拿她的剪刀，經常坐下來剪紙近大半個小時，我趁機就能做好多家務。鍛鍊的機會多了，她用起剪刀來和大人一樣熟練。

就在朋友來之前，她看到自己的褲頭上有個線頭，於是說：「媽媽來幫我！」我正在練瑜伽，就跟她說：「你自己有剪刀，自己剪吧。」她二話不說跑過去拿起剪刀就剪，小傢伙彎下腰，想不到還找到了最佳角度將線頭俐落地剪了下來。一邊把剪刀放回去一邊說：「紮著我了，有點疼。」

我說：「哪裡啊？」

她說：「這裡。」手指著腿。

因為對自己的女兒很瞭解，我知道就是剪刀頭碰到腿了，從她輕鬆的表情上看都知道算不上疼。

我說：「哦，趕緊揉揉吧。」

她自己揉都沒揉，立刻忙別的去了。

讓孩子用小刀、小剪刀，免不了小傷小痛，但是只有這樣，她才能積累真實、寶貴的生活經驗，對因果聯繫印象深刻，才能學會保護自己，大大提高手眼協調能力。當然了，自信心也會提高很多！

教孩子自己照顧自己要比直接照顧他們麻煩得多，需要更多的耐心，但這就是實踐蒙特梭利教育與普通養育方法的重要區別。我們給予孩子能終身受益的生活教育，同時還培養了他們的理解力、記憶力、專注力、社交能力等關鍵智慧。我們知道，擁有某一方面的超常智力並不能決定一個人是否能在某個行業出類拔萃，但是如果孩子擁有我們剛剛提到過的這些關鍵智慧，即便沒有特殊才華，也很容易在一個領域有突出表現。

以下這些活動示範流程是我們夫婦借鑒國際蒙特梭利嬰幼社區[10]專業操作標準後精簡和改編的在家實踐版，父母在參考的時候，完全不需要拘泥，示範過程的關鍵是流暢、自信，還要有趣。我們推薦的

---

10 示範流程以二〇一七年德國國際蒙特梭利協會教育法0～3歲培訓內容為基礎，進行了精簡改編。

月齡階段只能作為參考，實際生活中要以父母觀察到自己孩子的個體情況為標準。

跟著我們一起做起來吧，相信用不了多久，你會看到一個全新的孩子，這個孩子不再纏著你和他一起玩，也不再透過無理取鬧來吸引你的關注，他可以自己照顧自己，還能幫助我們做家務，可以一個人愉快地忙碌越來越長的時間，他是真的長大了，他是真的很能幹，他不需要絞盡腦汁找管道來證明這些了。

可以這樣做

1. 透過平日細緻的觀察，父母除了要瞭解孩子最近的興趣，還要找到孩子的「近側發展區間」[11]，意思就是在父母少量的指導、協助下，孩子能夠基本獨立完成的活動。
2. 示範過程切記要一慢再慢，將動作分解開來，讓孩子看清楚每個細節。
3. 工具大小要適合兒童使用，實用美觀。
4. 每次邀請孩子參與時都要有技巧，應盡量迴避「是否」形式的問題，比如：「你要不要壓柳橙汁？」、「你來擦桌子好嗎？」等，因為這個階段的孩子常常為了否定而否定，所以直接請他來參與：「你來幫我刷這隻鞋子吧！」

學習自理

蒙特梭利博士曾在《蒙特梭利教學法》中說過：

> 成人總是習慣伺候兒童，這不僅是在奴化他們，而且還很危險，因為這將抑制有益於兒童成長的自發性活動。

教孩子自理的目的不是要完成一項任務，對於孩子，一切意義都在過程中，他們不是為了完成而去做當下這件事的。因此我們不要打斷他，不要代替他，努力等待，靜靜觀察，接納孩子不熟練的動作和髒亂的場面，不要急於插手，等確定孩子需要你的幫助時，再給予最小的、必須的幫助。

---

11 教育學家列夫・維果斯基認為，人的發展有兩種層次：實際發展層次與潛在發展層次。實際發展層次就是皮亞傑所謂的兒童發展階段，什麼樣的階段有什麼樣的能力；潛在發展層次則是在大人或同伴的合作下，兒童能夠解決問題的能力。這兩者之間的差距，維果斯基稱為「近側發展區間」。每個個體的基本能力即實際發展層次和近側發展區間都不同，最好的教育應該考慮到個體的差異，而這也是學校教育所要達到的目標。

穿脫

● 建議月齡：12～36個月

● 工具：父母的外套和孩子的外套。

● 示範：（1）將大人的外套平展在地上，內裡朝上，領口朝向自己；

（2）兩手緩慢伸入兩個袖筒；

（3）用力將外套揚到身後；

（4）將胳膊穿過袖筒。

● 提示：我們將這種穿外套的方法叫作「衣服飛起來」。每次出門前，女兒都很開心地自己「飛」衣服。我們從一開始就可以鼓勵孩子盡自己最大的努力穿脫帽子、圍巾、襪子、小內褲等。即使孩子還做不到，也要請他最大程度地參與，給予他嘗試的機會。

洗手

- 建議月齡：12～36個月
- 工具：洗手台、梯凳、小肥皂、小毛巾、掛毛巾的鉤子。
- 示範：（1）協助孩子踩上梯凳；

  （2）示範如何擰開水龍頭；

  （3）將雙手放在水流下浸濕；

  （4）拿起肥皂在兩手之間揉搓；

  （5）放回肥皂，兩手揉搓出很多泡沫，讓孩子看泡沫；

  （6）在水流中洗掉泡沫；

  （7）關掉水龍頭；

  （8）用毛巾擦乾雙手。
- 提示：將水流盡量調小，減少浪費。如果水龍頭會有很熱的水流出，需要想辦法控制溫度，防止燙傷孩子。如果孩子浪費太多洗手液，建議使用肥皂，但不建議使用抗菌肥皂。

刷牙

- 建議月齡：12～36個月
- 工具：牙刷、不同於喝水杯的漱口杯、牙膏、一面適合孩子高度的鏡子、洗手台、梯凳。
- 示範：（1）提前在大人和孩子的牙刷上擠好適量牙膏，用漱口杯接好可以喝的溫水；

  （2）拿起大人的牙刷，將嘴張開咬合牙齒，對著鏡子從左到右刷；

  （3）孩子同時也拿起自己的牙刷對著鏡子刷；

  （4）刷完牙用漱口杯的水漱口，再吐到水池；

  （5）孩子也許會將水喝下去，這時提示他：漱口的水要吐出來，給他做一個誇張的示範。
- 提示：孩子出生後，父母就可以用刷牙手套來幫助嬰兒刷牙。添加副食品後可以開始使用牙刷，這時主要還是父母幫助孩子刷牙，等孩子開始走路後，就可以學習獨立刷牙。即使可以獨立刷牙，為了保證牙齒徹底清潔，我們建議先由父母幫助刷牙，然後讓孩子自己刷。如果孩子一直習慣將水喝下去，可以單獨和孩子練習吐水的動作。此外，需諮詢兒科醫生能否使用含氟牙膏，如果使用含氟牙膏，需要謹慎控制用量。

擦鼻涕

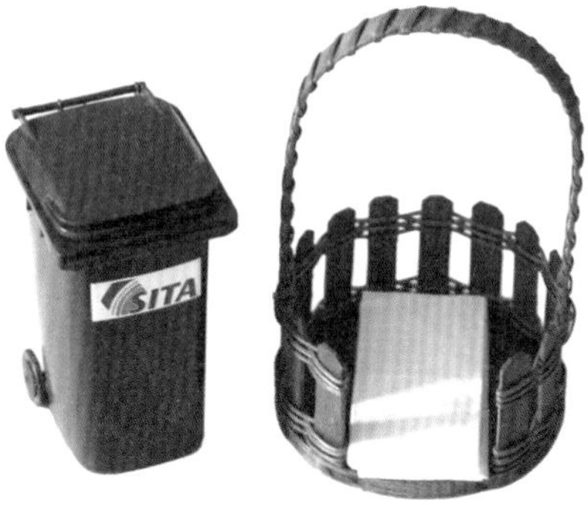

- 建議月齡：12～36個月
- 工具：將紙巾裁成原始大小的一半放入小筐、垃圾桶。
- 示範：（1）當孩子在流鼻涕，就帶他到鏡子前，讓他看自己的鼻子；
  （2）從紙巾筐裡拿出一張紙巾；
  （3）讓孩子也拿出一張；
  （4）在鏡子前面，打開紙巾用點勁從鼻子一側擦到中間；
  （5）看一下紙巾，然後折疊起來；
  （6）從鼻子另一側用點勁擦到中間，再次折疊；
  （7）孩子擦鼻涕的時候可以指給他看紙巾上的鼻涕；
  （8）和孩子一起照鏡子，看鼻子是否擦乾淨了；
  （9）鼻子擦乾淨後要帶孩子洗手。
- 提示：大人的紙巾對孩子來說太大，紙巾盒裡的紙也太多，因此要裁成一半放入小筐。如果孩子的鼻腔太乾，可以用濕潤的棉球或者生理食鹽水進行潤濕。如果孩子的鼻子周圍因擦鼻涕而乾燥，可以在紙巾盒旁準備一小盒孩子可以自己使用的潤膚油。每次給孩子擦鼻涕，都要提前告訴他：「我要給你擦鼻涕啦。」緩慢而輕柔地擦，不然孩子會抗拒擦鼻涕這件事。為防止引發耳炎，我們不要主動讓孩子用力擤鼻涕，不過很多孩子透過模仿很自然地就學會了擤鼻涕。

使用夾子

建議月齡：12～36個月

工具：兩個小碟子、數個棉球、小夾子、工具盤。

示範：（1）用三個手指捏著夾子；

（2）捏住夾子，說「關」，放開夾子，說「開」；

（3）讓孩子嘗試，如果他還無法做到，先與他練習開關夾子；

（4）緩慢地夾住一個棉球，說「關」；

（5）將棉球從一個碟子裡夾起，放入另一個碟子裡，說「開」；

（6）讓孩子繼續將其他棉球分別夾到另一個碟子裡；

（7）所有棉球都夾到另一個碟子裡後，再將棉球用同樣的方式夾回來；

（8）當孩子失去興趣時，示範如何收拾。

提示：練習使用夾子也是為將來使用筷子做準備。2歲之後便可開始使用兒童短筷，不推薦使用學習筷。棉球數量可由少變多。食品夾使用熟練後，可以逐步練習晾衣夾。

倒水

- 建議月齡：12～36個月
- 工具：兩個牛奶杯（其中一個牛奶杯裡有少量的水）、海綿、托盤。
- 示範：（1）一隻手把著牛奶杯的手把，另一隻手托著杯子底部，緩慢地將裡面的水倒入另一個空的牛奶杯中；

  （2）再用同樣的方式把水倒回來；

  （3）如果在桌子上或者托盤中灑了水，示範用海綿擦乾；

  （4）當孩子失去興趣時，示範如何收拾。
- 提示：當孩子能熟練地倒水後，可以準備一個牛奶杯，吃飯的時候，讓孩子自己酌量從牛奶杯往水杯裡倒水喝。

繫扣子

- 建議月齡：黏扣，14～36個月；拉鍊，16～36個月；按扣，22～36個月；鈕扣，24～36個月；皮帶扣，30～36個月。
- 工具：帶有黏扣的衣服或者鞋子，帶有拉鍊的上衣，帶有按扣的上衣，帶有鈕扣的上衣，帶有皮帶扣的鞋子。
- 示範：將動作分解開來，以最慢的速度示範。
- 提示：也可以購買或者自製衣飾框。

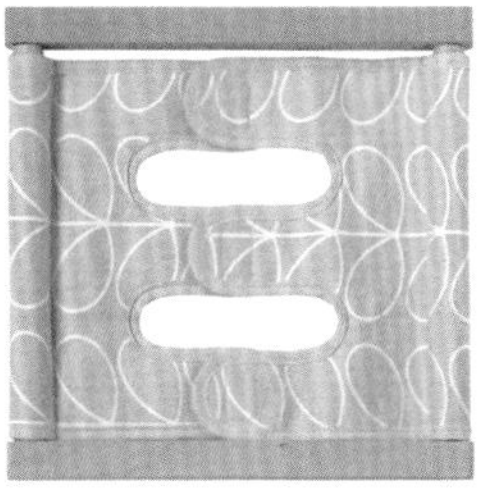
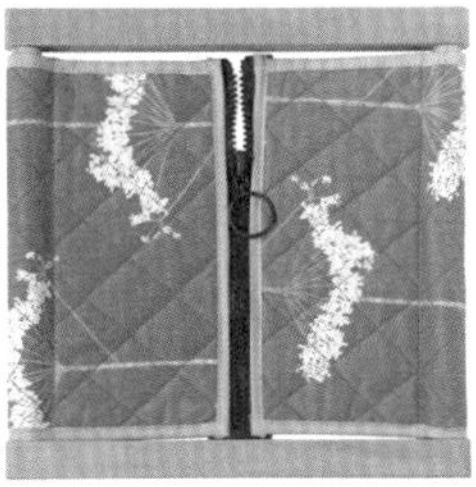
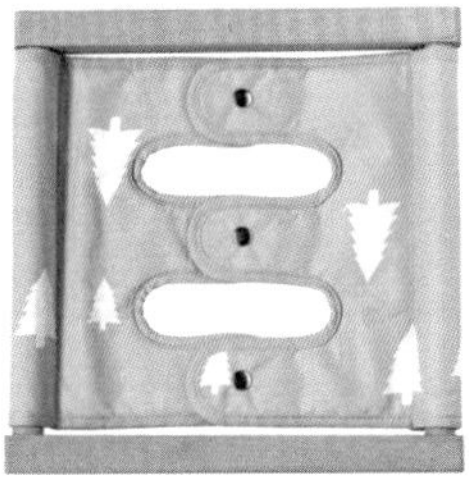
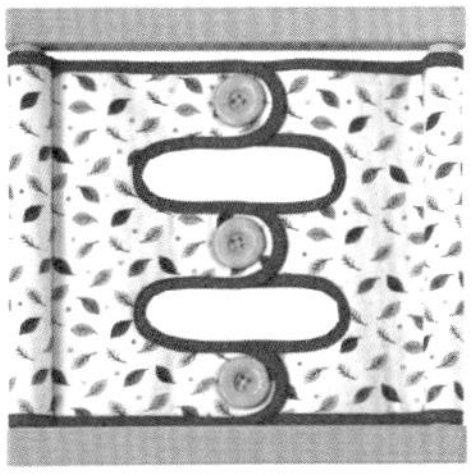
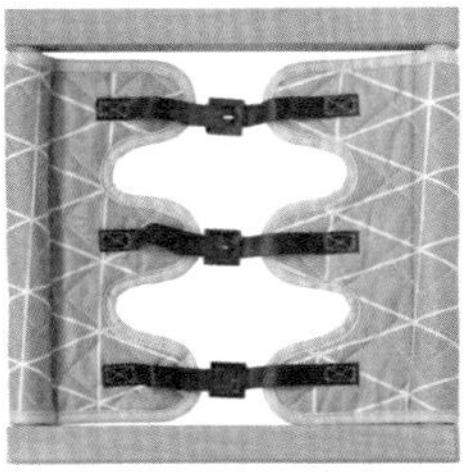

參與家務

在我做家務的時候，女兒常常喜歡黏在我身邊，她百無聊賴，就透過撒嬌、哭鬧來引起我的注意，導致我無法好好做家務，兩個人都不開心。但是如果我邀請她一起來做，耐心地給她示範，讓她完成自己能勝任的那一部分，她的臉上就會洋溢出無比幸福、滿足的神情。等她對所做的事情失去興趣後，便會自發地獨自去找別的工作去做，並且會專注地投入很長時間，因為她感受到了媽媽全身心的陪伴和滿滿的自我實現感。此時我既能安心地快速完成家務，同時還擁有了高品質的親子時間，一舉多得。

我們一直將大部分家務勞動當作親子互動的重要時刻，不論我們在做什麼，都盡量讓女兒也參與其中，也許我們會花更長的時間來完成這項工作，也許收拾過程將會變得更加麻煩，但是我們認為這一切都是值得的，因為家務不再是枯燥乏味的，孩子在家務中感受到了父母的愛和信任。

女兒也給了我們一次又一次的驚喜，我們從未想像過這麼小的小人兒能做這麼多的事，看到地板上有水，她就自覺地去找拖把來拖地；看到窗戶髒了，有了擦玻璃的興趣，她就自覺地端著工具籃去擦玻璃；剛剛換下濕了的內褲，她就跑到浴室登上梯凳開始洗內褲；她還喜歡和媽媽一起洗菜、挑菜，布置餐桌……

刷鞋

- 建議月齡：12～36個月
- 工具：小鞋刷、一塊防水襯墊、海綿、一個工具籃。
- 示範：（1）一隻手抓住鞋口，另一隻手用刷子從鞋子的側面用力從後往前刷；
  （2）用刷子從左往右刷鞋子前面；
  （3）讓孩子繼續刷鞋子的另一面，然後刷另一隻鞋；
  （4）刷完將鞋子放回，再找其他髒鞋子刷；
  （5）當孩子沒有興趣時，示範如何收拾；
  （6）帶孩子一起洗手。
- 提示：如果鞋子太髒，這項活動可以在地板上進行。

擦桌子

- 建議月齡：12～36個月
- 工具：海綿、放海綿的小碟子、抹布、工具籃。
- 示範：（1）將椅子挪到桌子一旁；

（2）將工具籃放到凳子上；

（3）端著小碟子到浴室，在水龍頭下將海綿淋濕，再輕輕把水擠壓出來；

（4）將海綿放在小碟子中，將小碟子放回收納籃裡；

（5）找到桌面髒的地方，左手扶著桌子，以打圈的方式拿海綿擦乾淨；

（6）擦乾淨後，示範用抹布將濕了的地方擦乾；

（7）直到孩子不想擦為止，示範如何收拾。

- 提示：孩子需要一隻手扶著桌子來保持平衡，我們這樣做，孩子就會模仿這個細節，站穩才能更順利地完成此項活動，增加孩子的自信心。孩子的小矮桌擦完後，可以用同樣的方法擦櫃子、椅子、茶几等。如果桌子太髒，海綿不足以擦乾淨，可以準備一個小刷子和一塊小肥皂，將肥皂擦在刷子上，用刷子刷太髒的地方，再用海綿擦一遍，最後用抹布擦乾。這些較為複雜的步驟適宜18個月以上的孩子進行。

拖地

建議月齡：18～36個月

工具：小拖把。

示範：（1）雙手抓住拖把，向上移動，將拖把從掛拖把的環上取下來；

（2）將拖把放於地面，兩手握著拖把走到有水的地方；

（3）從左到右再到左，蛇形拖地；

（4）直到地面沒有水，示範將拖把用同樣的方式懸掛起來。

提示：如果灑水量很多，就需要用抹布來擦乾。找一個角落將掃把、拖把等懸掛在合適的高度，讓孩子自由取用。

掃地

- 建議月齡：24～36個月
- 工具：小掃把、小簸箕、小簸箕刷、弓形掃地導向。
- 示範：（1）將掃地導向放到垃圾旁邊；
  （2）示範用兩隻手拿掃把；
  （3）用雙手將垃圾往掃地導向裡面掃；
  （4）掃完之後，將掃把放回；
  （5）示範將簸箕刷放在簸箕上，拿到掃好的垃圾旁邊；
  （6）將掃地導向移開；
  （7）用簸箕刷將垃圾掃到簸箕裡；
  （8）將簸箕刷放在簸箕上，將簸箕拿到垃圾桶處，用簸箕刷將裡面的垃圾掃到垃圾桶裡；
  （9）放回簸箕刷和簸箕，放回掃地導向；
  （10）帶孩子洗手。

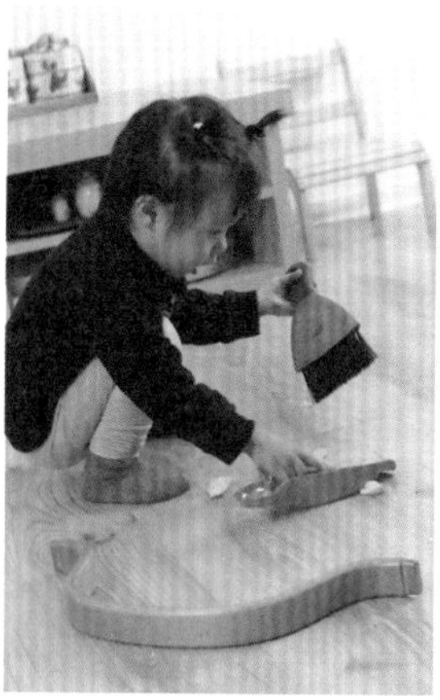

- 提示：當地板上有明顯的容易清掃的少量垃圾時，比如灑落的橘子皮，才邀請孩子清掃，同時3歲以下的幼兒需要一個弓形掃地導向引導他們往固定的地方掃垃圾。

擦玻璃

建議月齡：16～36個月

工具：噴水壺、擦玻璃刷、小抹布、工具籃、落地窗。

示範：（1）示範用雙手握住噴水壺往玻璃上噴水；

（2）噴三下，將噴水壺放入籃子裡；

（3）雙手握住擦玻璃刷從上往下刷，一直刷到窗戶底部；

（4）當孩子認為玻璃擦乾淨了以後，指給他看刷子上的水；

（5）用抹布將水擦乾；

（6）再用抹布將窗戶底部的水擦乾。

提示：噴水壺裡只放一點水，避免孩子往玻璃上噴過多的水。準備孩子能握得住的噴水壺和擦玻璃刷是關鍵。

擦鏡子

- 建議月齡：20～36個月
- 工具：梳粧檯上的鏡子、裝有少量無毒鞋油的小盒子、手套抹布、工具盤。
- 示範：（1）打開鞋油盒，戴上手套抹布，用抹布蘸一點鞋油；
  （2）以打圈的方式擦鏡子髒的地方；
  （3）稍微等一小會兒，用手套抹布的另一面從上到下將油擦掉；
  （4）當孩子不願意繼續時，示範如何收拾；
  （5）帶孩子洗手。
- 提示：也可以擦穿衣鏡。不要吹乾鏡子上的油，教孩子學會等待。

木飾打蠟

建議月齡：20～36個月

工具：木飾擺件、裝有少量木蠟油的小盒子、小碟子、手套抹布、襯墊、工具籃。

示範：（1）將襯墊鋪展開；

（2）打開木蠟油小盒，往小碟子裡倒入一點木蠟油，蓋上盒蓋；

（3）戴上手套抹布，蘸一點木蠟油，以打圈的方式擦木飾擺件；

（4）當孩子不想繼續時，示範如何收拾。

提示：還可以擦拭木頭椅子、木製樂器、木頭玩具等。小盒子裡只放一點油，可用橄欖油代替木蠟油。

澆花

- 建議月齡：18～36個月
- 工具：花盆、長嘴澆水壺。
- 示範：（1）一隻手提著澆水壺的把手，另一隻手扶著壺的長嘴；
  （2）站在植物旁邊，一隻手撥開葉子，另一隻手用壺澆水；
  （3）左右走動換位置澆水；
  （4）給另一盆花澆水；
  （5）當孩子不想繼續時，示範如何收拾。
- 提示：提前將壺裡倒入適量的水，以免澆太多水。花盆下邊最好放置防止漏水的盤子。等孩子走路很穩後，就可以開始讓他練習澆花。

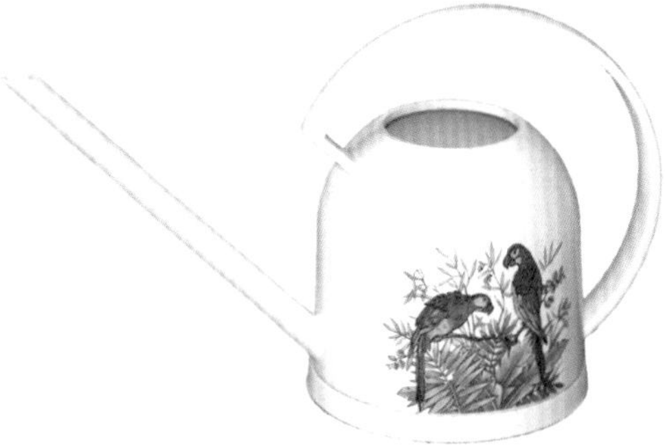

插花

建議月齡：18～36個月

工具：數枝花、兩個小花瓶、小水壺、漏斗、海綿、工具盤。

示範：（1）大人和孩子各選一隻花放在工具盤裡；

（2）用水壺取水後放在盤中；

（3）展示漏斗，尤其是漏斗嘴，將漏斗放入一個花瓶中；

（4）將水壺裡的水倒滿花瓶的2/3；

（5）拿出漏斗，將花插入花瓶；

（6）讓孩子插另一個花瓶；

（7）插完之後可以和孩子繼續選擇更多花，插入同一個花瓶；

（8）當孩子不想繼續時，請孩子將花瓶放到喜歡的位置上；

（9）示範如何收拾。

提示：2歲之後可以和孩子討論如何插花才能更好看。

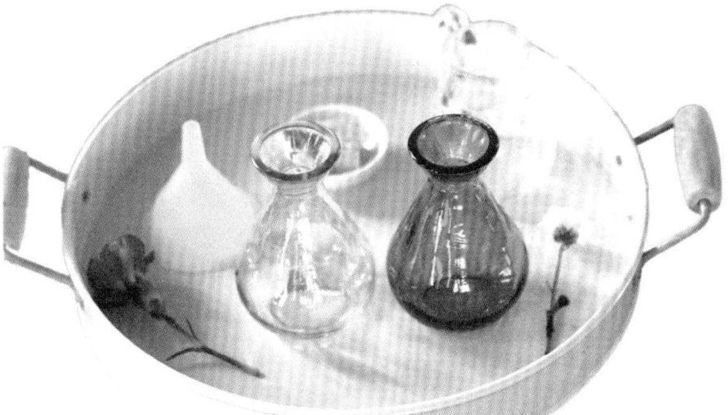

洗手帕

- 建議月齡：24～36個月
- 工具：浴室水池、幼兒搓衣板、梯凳、肥皂、肥皂盒、洗衣筐。
- 示範：（1）將搓衣板支在浴室水池中；
  （2）將要洗的手帕放到搓衣板上面；
  （3）打開水龍頭，淋濕手帕；
  （4）展開手帕；
  （5）一隻手固定手帕一個對角，另一隻手將肥皂搓到手帕上；
  （6）兩手從上往下搓平鋪的手帕，直到搓起很多泡沫；
  （7）將手帕翻過來，以同樣的方式打肥皂，然後搓手帕；
  （8）打開水龍頭反覆沖洗；
  （9）關掉水龍頭，一隻手揪著手帕一個對角，另一隻手往下濾乾；
  （10）將手帕放入洗衣筐；
  （11）直到孩子不想再洗，示範如何收拾。
- 提示：還可以洗小內褲、小抹布等。可以準備一個低矮的小水池，讓孩子自己用水壺接水，倒入小水池中。

晾手帕

建議月齡：18～36個月

工具：在陽台上準備一根適合孩子高度的晾衣繩。

示範：（1）雙手提著洗衣筐，將其放於晾衣繩旁邊；

（2）兩手提著手帕的兩角，從繩子後面往前掛；

（3）掛完所有洗好的衣物，將洗衣筐放回。

提示：可以晾曬其他小物件，如襪子、內褲等。等孩子2歲到2歲半時，可以學習使用晾衣小夾子。也可以在室內準備一個小型晾衣架。

疊手帕

建議月齡：18～36個月

工具：晾乾的手帕、收納筐。

示範：（1）將一塊手帕放在桌子上；

（2）兩手抓著手帕下方兩角往上疊；

（3）對齊上方兩角後，用手鋪平手帕；

（4）將手帕轉90度，兩手抓下方兩角往上疊；

（5）對齊上方兩角後，用手鋪平手帕；

（6）將疊好的手帕放入收納筐中；

（7）繼續疊其他手帕，直到孩子不想繼續。

提示：可以用同樣的方式疊比較方正的小毛巾、小背心等。

除此之外，孩子可以參與的家務還有很多，比如照顧小動物、種植小花或者芽菜、鋪床、給襪子配對、將髒衣服放進洗衣機、為客人準備茶水等。我們這裡提供的範例只是拋磚引玉。

有關食物的親子活動

在華人社會，吃也是社交的一部分，孩子為全家人準備食物、盛飯、端菜、收拾餐桌和洗碗，既是學習自理的活動，也是學習承擔責任、照顧別人的過程。孩子能從其中積累飲食社交經驗，以便未來應用到不同的集體生活當中。

如果孩子不愛吃飯，我們不妨試著帶孩子去市場或者超市購買食材，照著清單和孩子一起尋找要買的蔬菜水果，或者和孩子談論食物的名稱、顏色、氣味，也可以和孩子一起種植一些果蔬，或是去地裡採摘。我們還可以讓孩子自己動手準備食物，瞭解飯桌上食物的原樣，以及每種食材怎麼洗、怎麼切、怎麼煮，這些都可能提高他對吃飯的興趣。

如果孩子不愛喝水，我們不能強迫他喝，和他一起壓榨檸檬汁，一起泡杯水果茶，或者給他設計一個自主倒水的環境，都是引導他自覺喝水的小竅門。尤其對於1～3歲的孩子來說，耳提面命只會起反作用，我們需要透過改變環境和設計活動來潛移默化地影響孩子。

關係到食物，自然離不開廚房，孩子對廚房非常感興趣，因為大人總在那裡忙來忙去，那裡有太多新奇的玩意兒。廚房又是兒童事故頻發的地方，但也不能因此就不允許孩子進入廚房。我們要做的是提前做好安全措施，包括火、刀、水、電等方面，還要做好收納工作。即便做好了準備，在孩子進入廚房後，我們也應該保持警覺，時刻觀察哪裡還有潛在的危險。如果條件不允許，我們也可以在廚房旁邊給孩子創設單獨的工作環境。我們可以準備三個區域。

❶ 收納區

騰出一個孩子能夠得著的小抽屜，用來收納他自己的餐具和廚具，也可以單獨準備一個收納櫃。

❷ 零食自助區

在一個孩子能搆得著的地方，或者在收納櫃子裡，準備很少量的分袋或者分罐裝健康零食，孩子可以自取。在兩餐間，孩子可能會餓，所以提供有限的零食補充體力也是必要的。為了保證孩子在正餐時有好胃口，要在正餐前一個半到兩個小時前，將這些零食拿走。

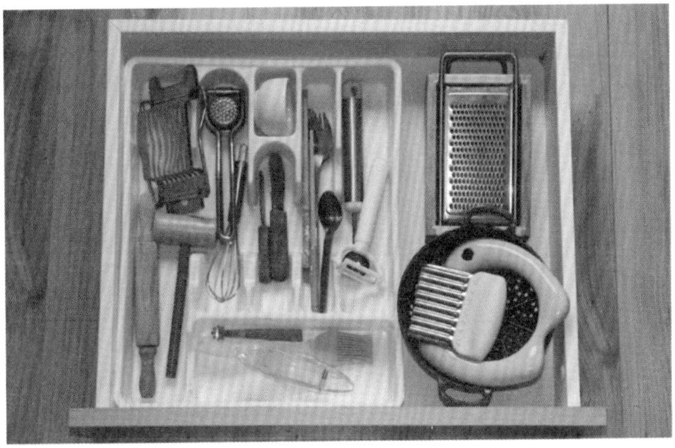

❸ 工作區

準備一個廚房專用梯凳，等孩子可以站穩後，就能自己爬上去洗碗和準備食物了，空間允許的話，也可以準備一套小桌子、小椅子，讓孩子可以在廚房坐下來削皮、切菜等。

在廚房可以和孩子一起進行的活動有很多，比如剝香蕉皮、橘子皮、雞蛋殼，削黃瓜皮、胡蘿蔔皮，洗和切各種水果和蔬菜，還可以攤煎餅、拌沙拉，等等。

讓我們和孩子都繫上圍裙，一起開始吧！

和麵

● 建議月齡：24～36個月

● 工具：麵、適量發酵粉、小碗、水杯、和麵盆、水、紗布、砧板。

● 示範：（1）將一部分發酵粉倒入小碗裡，剩下的讓孩子倒；
（2）讓孩子將小杯裡的水倒入酵母裡；
（3）用勺子攪拌，然後讓孩子攪拌；
（4）和孩子一起將罐子裡的麵粉倒入和麵盆；
（5）和孩子一起將水杯裡的水逐量倒入和麵盆，同時和孩子一起攪拌；
（6）請孩子將攪拌好的酵母倒入和麵盆；
（7）繼續攪拌；
（8）從一個麵粉罐裡抓出一些麵粉撒到砧板上，讓孩子也撒一些；
（9）請孩子將麵團放到砧板上；
（10）用手揉麵粉，然後讓孩子揉；
（11）如果麵粉太稀，請孩子多撒一些麵粉在砧板上，繼續揉；
（12）直到麵團成型，請孩子將麵團放入和麵盆；
（13）一起將和麵盆放到一個溫暖的地方；
（14）用紗布將麵團蓋上；
（15）回來一起清潔桌面；
（16）和孩子一起洗手。

● 提示：麵粉發酵好後，可以繼續製作饅頭。攪拌麵團之前加入適量鹽或者糖，放入烤箱可以製作麵包。如果孩子要吃麵粉，我們要溫和地告訴他要等一會兒才能吃。根據孩子的手部協調能力和力量，給予適當幫助。

壓檸檬汁

建議月齡：18～36個月

工具：切好的檸檬片、大小工具盤、小夾子、兩個小碟子、壓汁器、倒水杯。

示範：（1）將幾片檸檬放到一個小碟子裡；

（2）將放有檸檬的小碟子、小夾子和壓汁器的小工具盤放到面前；

（3）打開壓汁器，用夾子夾一片檸檬放入壓汁器；

（4）用兩隻手壓出一點檸檬汁水讓孩子看；

（5）將倒水杯放到面前，將壓汁器裡的汁水倒入倒水杯；

（6）打開壓汁器，用夾子將剩下的檸檬皮夾出來並放入另一個小碟子裡；

（7）讓孩子繼續，直到他沒有興趣；

（8）將壓好的檸檬汁倒入孩子常用的水杯中，再在水杯中加入適量清水；

（9）和孩子一起收拾。

提示：除了檸檬，還可以壓柳橙汁、黃瓜汁、哈密瓜汁等。當孩子不喜歡喝水的時候，可以和他一起做這個活動，喝水會變得更有趣。

剝雞蛋、切雞蛋

建議月齡：剝雞蛋，12～36個月；切雞蛋，18～36個月。

工具：工具盤、雞蛋容器、雞蛋、小勺子、放蛋殼的小碗、壓蛋器、盛雞蛋的盤子、砧板。

示範：（1）將雞蛋連同盛雞蛋的容器一併放在砧板上；

（2）用小勺子從不同方向輕輕敲開雞蛋；

（3）一點點將雞蛋殼剝下來放到小碗裡；

（4）讓孩子檢查一下是否還有蛋殼沒有剝落下來；

（5）將壓蛋器放到砧板上，打開；

（6）將剝好的雞蛋放入壓蛋器，合上壓蛋器，兩手往下壓一點；

（7）讓孩子繼續壓到底；

（8）打開壓蛋器，一隻手將壓好的雞蛋拿出來，放到小碟子裡；

（9）如果孩子感興趣，可以繼續為家裡其他人剝雞蛋、切雞蛋；

（10）和孩子一起收拾。

提示：可以在孩子1歲左右時示範如何剝雞蛋，1歲半左右時示範如何切雞蛋。也許剛開始時，雞蛋常被壓成碎末，這時可以用勺子將雞蛋收起來放到碗裡做成沙拉醬，或者拌到粥裡吃。還可以和孩子一起研磨蛋殼，將磨碎的蛋殼放到花盆裡當肥料。

切蘋果

- 建議月齡：18～36個月
- 工具：工具盤、切成兩半的蘋果、砧板、蘋果切、小碟子、小夾子。
- 示範：（1）將切成兩半的蘋果的平的一側放到砧板上，站著用蘋果切切蘋果；
  （2）切下去後，讓孩子注意蘋果核；
  （3）用夾子把蘋果核夾出來，說：「這個部分我們不需要，將它扔到垃圾桶」；
  （4）孩子扔掉蘋果核後，將蘋果切往上拿一點，用夾子將切好的蘋果一塊塊捅下去；
  （5）將一塊塊蘋果用夾子夾到小碟子裡；
  （6）如果孩子感興趣，可以繼續切另一半蘋果；
  （7）和孩子一起收拾。
- 提示：可以用同樣的方法切梨。讓孩子用叉子享用切好的蘋果。

洗碗並晾乾

建議月齡：24～36個月

工具：洗碗池、洗碗刷、洗碗盆、小試管洗碗精、廚房梯凳、防水圍裙。

示範：（1）和孩子一起穿上防水圍裙；

（2）讓孩子站上廚房梯凳；

（3）站在凳子一側，把洗碗盆放在洗碗池中；

（4）示範如何洗碗；

（5）打開水龍頭，等洗碗盆裡接滿水後關掉水龍頭；

（6）打開小試管，滴兩滴洗碗精到盆中；

（7）用手左右攪動，攪出很多泡泡；

（8）將碗放入盆中，用刷子刷；

（9）刷完放到一側，讓孩子刷自己的碗；

（10）等孩子刷完自己的餐具後，將盆中的水倒掉，打開水龍頭再次接滿清水；

（11）將洗好的餐具一件件在盆中涮洗乾淨，在水池上方空乾，放到平常晾乾的地方。

提示：小試管裡只放一點洗碗精。如果水龍頭無法控制水的溫度，告訴孩子如何不打開熱水，並在一旁監督，以防意外發生。如果孩子要刷洗勺子、叉子或者杯子，如同洗碗一樣，父母先要示範如何正確洗刷這些餐具。

透過上面的一些例子，父母可以舉一反三，設計更多的廚房親子活動。除了準備食物和洗碗、晾碗，每次開飯前，孩子還可以為大家準備勺子、筷子和碗，一次只運送一件。孩子也可以幫忙端一些分量不重的菜。

在孩子運送餐具和菜品的過程中，我們可以提醒他：「是不是媽媽還沒有筷子啊？已經拿了幾個碗啦？」這也能幫助孩子理解一對一的數學概念。

當孩子坐上餐椅後，可以讓他自己鋪開餐墊，擺放碗、勺子、叉子和杯子。吃完飯，孩子也可以將餐具一件件運送回廚房。

藝術啟蒙

帶孩子多看美的事物便是最好的藝術啟蒙，比如在家裡合適的地方掛些優美的畫。仔細看每個月齡段的兒童房間設計圖，牆上都有一些關於動物、植物、風景、親子等主題的畫，常換常新，孩子特別鍾愛的畫可以一直保留。也可以帶孩子去參觀藝術展，或是一起欣賞美麗的畫冊。

看到孩子的塗鴉，父母常常會忍不住誇讚：「畫得真漂亮！」但是我們並不推薦這麼做。孩子是天生的藝術家，他們想畫就畫，他們透過畫筆表達一切，因為他們還不像成人可以透過語言或者文字來表達複雜的內心世界。外在的讚美很容易誤導孩子，使他背離創作表達的本能。我們可以將孩子的畫掛起來或者裝訂成冊保存好，這便是對孩子的藝術表達更含蓄、恰當且有正面導向的鼓勵。我們也不需要指導他們作畫，用我們的固有思維去限制孩子的表達，如果他們將藍天畫成綠色，那是他們的自由。

其實父母會發現，在孩子真正開始塗鴉之前，他們就已經用手在糊糊裡畫畫了。這是他們最初的探索。法國是比較注重藝術啟蒙的國家，在法國的托兒所，寶寶從能坐起來時就開始玩顏料了。他們還沒形成明確的慣用手，長期都會兩手並用，長時間停留在點和線的階段。當他們偶爾發現自己能在紙上留下印記時，會為此感到非常驚訝。

一般快到2歲時，孩子們才開始畫一堆圓圈，然後開始畫分離的單個圓圈，這說明他們意識到了自我的個體存在，這是心智的一大飛躍。

孩子在開始藝術創作之前，需要我們給他們示範工具的用法，我們也只畫最簡單的點和線就好，這不是顯示自己高超繪畫技術的時候。成人的畫會限制孩子的想像，我們隨手的寫實畫都會打擊孩子表達的自信，在成人的誤導下，孩子會覺得自己畫得不像，便不想再畫了。切忌任何藝術教學，鼓勵孩子自由自在地表達。

當我們發現女兒開始喜歡蹲下或者趴著畫時，也常常直接將她放置到浴缸中讓她玩手指畫。

畫畫有助於形成最早的空間認知。法國藝術啟蒙比較流行身體彩繪，身體彩繪可以幫助孩子更好地認知自己的身體意象，這對兒童的心理健康發展有著非常重要的作用。

蠟筆

- 建議月齡：12～36個月
- 提示：孩子剛開始作畫時很容易畫出紙的邊界，所以要準備一個襯墊，避免畫到桌子上。開始時可以用一種基礎顏色，等孩子逐漸掌握多種用法後，再換不同的顏色，也可以同時使用兩種或者三種顏色。握蠟筆可以為以後學習握筆姿勢做準備。如果孩子習慣將蠟筆放入嘴裡，可以過段時間再嘗試。

粉筆

- 建議月齡：12～36個月
- 提示：可以用畫架式小黑板，也可以準備一面黑板牆。在孩子習慣用粉筆作畫後，我們就要給他示範如何用抹布清理畫板。

油畫

- 建議月齡：16～36個月
- 提示：畫油畫必須穿上畫畫罩衣，在畫架旁邊準備好裁剪好的紙張。還可以在戶外帶孩子玩手指油畫。每次畫完，必要時用指甲刷仔細清潔孩子指甲縫裡的顏料。

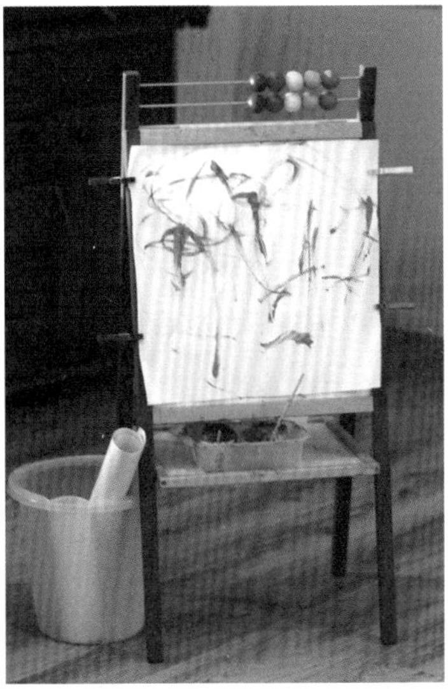

黏土

- 建議月齡：18～36個月
- 提示：優先選擇黏土和彩泥，其次是橡皮泥。因為橡皮泥質地太軟，不足以鍛鍊孩子的手部肌肉。我們可以給孩子示範如何將黏土或彩泥揉成長條或者小球。

水彩

- 建議月齡：24～36個月
- 提示：用水彩作畫時必須穿上畫畫罩衣。推薦水彩而不是彩色鉛筆，否則孩子容易將其和鉛筆混淆起來。

語言啟蒙

這個階段，寶寶蹦出來的一兩個字詞有時候代表著一大段話。剛開始說話的時候，一個詞可能意義過窄，比如「小狗」僅僅指自己家的那條小狗，之後更多情況下則會是意義過寬，「小狗」可能就代表了所有四條腿的動物。

大約1歲半以後，寶寶就能夠說簡單的雙詞句了，我們將其稱為「電報句」。「電報句」常常是「形容詞＋名詞」或者「名詞＋動詞」的形式，省略了很多不太重要的詞。他們會說的句子越來越多，錯誤也越來越多，出現錯誤時我們不要糾正，輕描淡寫地用正確方式重複一次就好。他們這時也會開始使用「高興」、「生氣」等詞來表達情緒。2歲之後，他們會開始努力表達一切想要表達的，即使錯誤百出。

如果孩子在走路後還不能聽從簡單的指令，在2歲後還不能用詞彙表達自己的想法，到了3歲還不會使用簡單的句子，就可能有語言障礙。父母一定要盡早諮詢專業人士，看是否是神經系統方面的問題，越早發現，越有利於治療。

孩子還會出現一些發音連接問題，比如口齒不清和口吃。2歲到2歲半階段，口吃現象比較普遍，因為他們此時的語言能力趕不上大腦的運轉速度，才會出現暫時性口吃。父母此時千萬不要糾正他們，耐心地等待他們說完，大多數情況下口吃現象會自然消失。和我們往常的習慣不同的是，與孩子交流也要盡量使用「我、你、他」，這對孩子自我認可階段的順利過渡是很有幫助的。

蒙媽日記

我們都會不自覺地和孩子用名稱代替「你、我、他」，比如「媽媽給寶寶做飯吧」。推薦的做法是父母從一開始就習慣和孩子直接用人稱代詞，比如「我給你做飯吧」。即便知道，我也總是習慣用第一種方式，直到意識到了才會立刻改過來。

於是女兒很早就喜歡用「你、我、他」，但是她會亂用，根本分不清「你、我」。人稱代詞把她搞得頭暈腦脹，她經常愣住琢磨為什麼一會兒是「你」，然後又變成「我」了。這兩天突然發現，她在很自豪地正確使用「你、我」了。

我不禁回想起老師講過：自我認可期開始的標誌是「me、mine、no」這些詞彙，結束的標誌是「I」。到中文裡，結束的標誌應該就是分清楚「你、我」了吧，就像女兒不再說「蔓蔓怎樣怎樣」，而說「我怎樣怎樣」。

語言和認知發展有時候緊密相關。或許這意味著女兒很快就要度過磨人的自我認可期了。

我們推薦對話式的口語交流方式，而不要用命令式語句，因為孩子是透過社交來學會語言的。同時也要盡量少讓孩子接觸電子產品，因為長時間盯著螢幕聽裡面的人說話，對語言發展也毫無益處。

在2歲或者2歲半後，當孩子能自如地表達很多想法以後，也推薦對話式親子閱讀的方式。我們可以在恰當的時機提問，提問的形式也不僅限於是與否，可以聯繫孩子的現實生活提出更具有開放性的問題。隨著孩子的回答，繼而提出更多的問題，也可以重複孩子的回答，在孩子回答的基礎上用更豐富的語言進行完善，還可以就書中的內容提供包括詞彙、社交、文字、故事結構等方面的知識。

❶利用實物、模型和卡片

重視語言發展意義重大，因此我們在家可以用不同的方法來促進孩子的語言發展。除了前兩個月齡階段講過的語言啟蒙方式，在這個月齡階段，我們還可以借用實物、模型和卡片等和孩子做一些輔助語言發展的小遊戲。

至於應該怎樣使用實物、模型和卡片進行輔助語言發展的遊戲，可參考5～12月齡階段講過的實物指認遊戲，這種遊戲在此月齡階段依然適用。

對於一些不容易帶入家庭的實物，比如動物，我們可以用小模型代替，熟悉了模型名稱後，再引入相對應的卡片，讓孩子玩模型和卡片的配對遊戲。我們在家布置了一個小農場和一個小森林，裡面都是各種動物模型，女兒非常感興趣，這也極

大地促進了她的語言發展。

生活中所有的物品都可以製作成卡片介紹給孩子。我們可以和孩子玩各種各樣的卡片遊戲，以此來鞏固他的詞彙記憶。

❷ 結合感官遊戲拓展詞彙

孩子1歲半以後，父母可以結合開發感官的遊戲，利用身邊的一切來幫孩子拓展詞彙量。

- **視覺：**分辨大小、長短，認識形狀、顏色，比如用硬紙板剪出正方形、三角形、圓形來讓孩子認識形狀。
- **聽覺：**聽生活中的各種聲音，比如揉搓紙張的聲音，用筷子敲打不同杯、碗的聲音等。
- **觸覺：**觸摸不同材質的布料，比如絲綢、天鵝絨等，或者將一些材質不同的物品放在孩子面前讓他摸，當他摸到硬質的物品時就說「硬」，當他摸到軟質的物品時就說「軟」。之後當他再摸到硬質的實物比如積木時，就說「硬的積木」，摸到軟質的物品比如枕頭時，就說「軟的枕頭」。每次說「硬」的時候用比較強硬的聲音，說「軟」的時候用比較溫柔的聲音。
- **味覺：**在三杯水中分別放入鹽、糖、醋，透過品嚐讓孩子學習「鹹、甜、酸」，或者透過品嚐不同口感的蘋果，用生動的語言給孩子描述口感差異。
- **嗅覺：**讓孩子聞不同水果或者不同花草的味道。

需要注意的是，成人可以記憶七個要素，但是幼兒只能記住兩到三個，這就是為什麼他們只能用簡短的語句表達。因此我們提供的感官比較遊戲，每次只能專注於一個興趣點，比如在視覺遊戲中，要麼就是形狀一樣、顏色不同，要麼就是顏色一樣、形狀不同，不能形狀和顏色都不同，否則他們會產生分辨困難。

戶外運動

這個階段的孩子尤其喜歡搬重的、體積大的物體，我們不要急於幫忙，應該允許孩子使出全身力氣來完成挑戰。在戶外可以透過攀爬、滑、拉、推、跳、吊、跑、騎等活動來輔助孩子的大動作發展。

孩子的走路技能逐漸成熟後，他們便開始喜歡挑戰各種高難度的走路方式，比如倒著走、橫著走、推著走、走很窄的台階或者圓木等。父母可以牽著孩子的手走很遠的路，帶著他一起探索更廣闊的世界，認識大海、森林、草原、峽谷等。

蒙媽日記

女兒的大動作發展要慢不少，但是2歲之後也很少讓我抱了。在2歲前，我就常常告訴她我腰疼。2歲以後，我也常常誇張地讚嘆她說：「蔓蔓長大好多呀！」、「好高呀！」、「大孩子了！」還假裝抱她但是抱不動：「天啊，現在這麼重了，我一點兒都抱不動了！」

每次上樓梯，她讓我抱時，我就假裝抱不動，坐在樓梯上大口喘氣。女兒不想自己上樓，就故意磨蹭。我一邊喘氣一邊說：「不要著急，慢點上樓，上一個台階休息一會兒，再休息一會兒吧，太快了，我跟不上你了……」

果然小棉襖女兒自此不再纏著讓我抱了，上樓越來越俐落，每次出門能長途跋涉好幾個小時。

還要盡量多帶孩子去接近大自然，感受四季和天氣的變化，下雪了就去堆雪人，下雨了就去踩雨水，春天吹蒲公英，秋天撿落葉……和孩子一起收集大自然的各種禮物，石頭、葉子、蝸牛殼等，拿回家進行科學觀察或者手工製作。

益智玩具

在孩子的任何一個月齡階段，我們都不提倡跟風購買過多的玩具。玩具需要少而精，精就是要有益於孩子當下的發展，捨棄那些不需要多少手腦參與的電動玩具。下面介紹一些蒙氏教具和活動，我們還推薦那些建構類的益智玩具，如樂高、積木、磁力片等。

此外，我們還可以巧妙利用身邊的材料為孩子自製玩具，比如從2歲開始，女兒最喜歡的黏貼、剪和縫紉的三項活動，就是透過我們自己製作的貼紙、剪刀和縫紉的小工具盒來實現的。

套環

- 建議月齡：15個月
- 提示：這個曲形套環可以讓孩子練習轉動手腕。

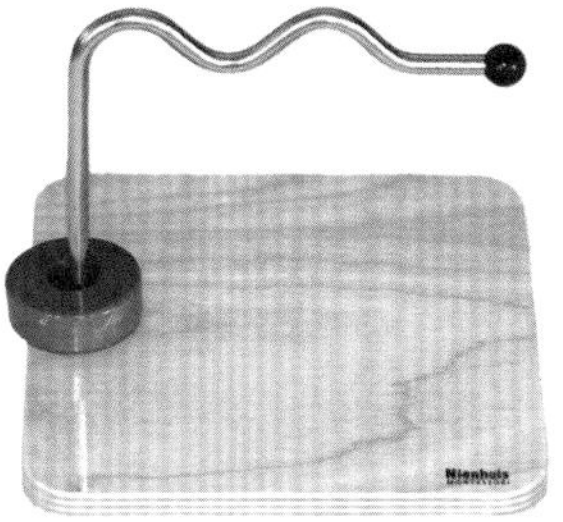

串珠子

- 建議月齡：16～36個月
- 提示：根據孩子精細動作的發展程度，提供由易到難的串珠子活動，還可以用小珠子製作項鍊、手鏈。

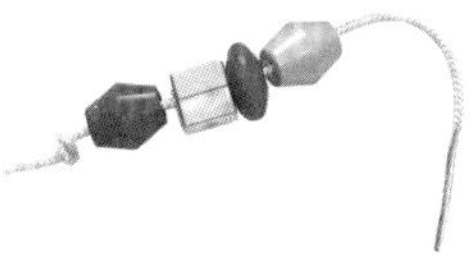

形狀嵌盒

- 建議月齡：16個月
- 提示：這如果玩具同時有多個形狀嵌洞，只給孩子可以完成的形狀嵌塊即可。

存錢罐

- 建議月齡：17個月
- 提示：也可以用家裡的存錢罐，但是要用安全、乾淨的工具替代硬幣。

分類配對

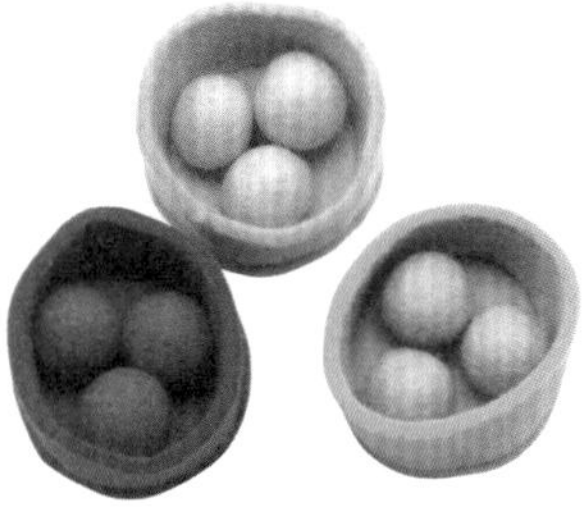

- 建議月齡：18個月
- 提示：可以用石頭、貝殼、鈕扣、襪子等，根據不同的材質、顏色、形狀、大小等進行分類或者配對。

拼圖

● 建議月齡：16～36個月

● 提示：根據孩子精細動作的發展程度給他提供相應難度的拼板，塊數也要逐漸增加。開始時盡量選擇帶有小把手的拼圖，鍛鍊三指的抓握。後期逐漸增加拼板數量，並且開始拼接整塊完整圖形。

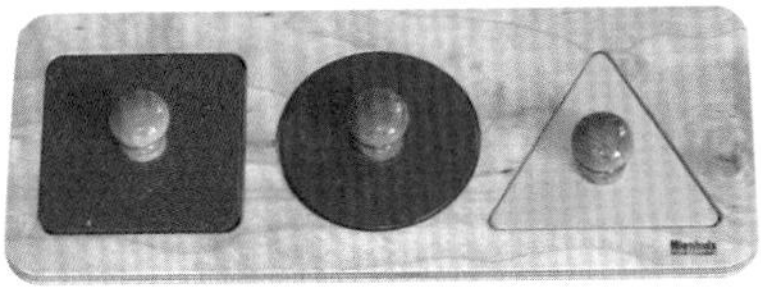

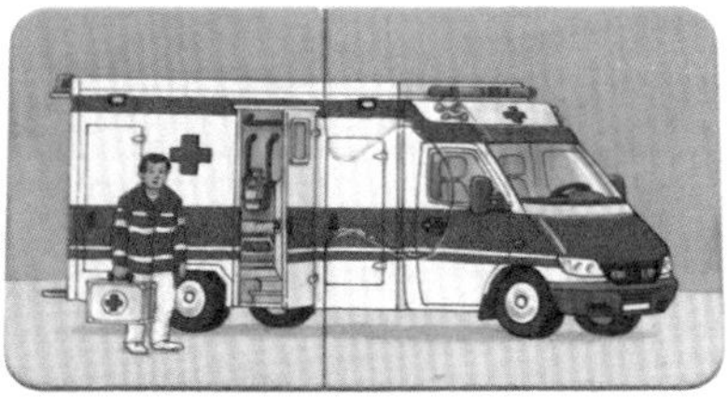

神祕袋

- 建議月齡：24～36個月
- 工具：束口袋、襯墊、安全小物品。
- 示範：（1）示範如何將神祕袋打開；

（2）逐個介紹神祕袋內的物品；

（3）告訴孩子物品名稱，讓孩子重複名稱並觀察、把玩這個物品；

（4）將這些物品全部擺放在襯墊上；

（5）說物品名稱，讓孩子將聽到的物品放回袋子裡；

（6）如果孩子拿錯了物品，就繼續重複說物品名稱，直到全部物品都放回袋子裡；

（7）將手伸進神祕袋，抬頭看別處，摸到一個物品，說：「這是……」；

（8）然後將這個物品拿出來放到襯墊上；

（9）讓孩子模仿並繼續，直到將所有物品都拿出來；

（10）一直重複到孩子不想繼續；

（11）示範如何將神祕袋拉上，與孩子一起收拾。

- 提示：神祕袋中可以放置從生活中隨機選取的一些物品。如果放不同種類的物品難度較大，可以選擇同一個主題的物品，比如廚房用品，或者浴室用品。也可以是配對物品，保證每個物品有兩個，大人把手伸進袋子裡摸一個物品，然後讓孩子也把手伸進袋子裡摸同樣的物品。當孩子不認識其中一些物品時，我們要先讓孩子學習物品名稱，再進行下一步遊戲，有時候孩子認識物品但是發音有困難。經常替換袋子中的物品以保持孩子的興趣。還要注意，要讓孩子明確地知道大人沒有看，只是在摸袋子裡的物品，可以做些誇張的動作，比如眼睛故意看很遠的地方。

黏貼

- 建議月齡：24～36個月
- 工具：黏貼盒、漿糊盒、刷子、刷子架、各種黏貼紙、小布條、裁剪好的白紙。
- 示範：（1）將黏貼盒蓋翻過來放到孩子面前；

（2）將漿糊拿出來放在一旁；

（3）將刷子架放到黏貼盒蓋上方，將刷子放在刷子架上；

（4）從黏貼盒的小分隔裡選一張黏貼紙；

（5）將圖案的反面朝上；

（6）打開漿糊蓋，用刷子蘸一點漿糊；

（7）一隻手按著黏貼紙一角，另一隻手拿著刷子從左到右刷漿糊；

（8）將刷子放回到刷子架上；

（9）取一張白色的紙放在黏貼盒蓋上；

（10）將黏貼紙上帶糨糊的一面貼到白紙上；

（11）將小布條壓到黏貼紙上，手指用力按，直到黏貼紙牢牢地黏到白紙上；

（12）等孩子成功黏好第一張後，將作品放在一邊，繼續黏下一張；

（13）當孩子不想繼續時，與孩子一起收拾；

（14）每次要和孩子一起將刷子上的漿糊洗乾淨；

（15）可以將孩子的作品收納在固定的地方，或者在房間展示出來。

提示：這個黏貼盒可以自製也可以購買，父母可以和孩子一起用黏貼的方式將這個盒子裝飾得更漂亮。黏貼紙可以是從廢棄的報刊雜誌或包裝紙上剪的小圖案。透過黏貼紙，孩子可以認識不同的顏色和形狀。等孩子手法熟練後，可以在一張更大的白紙上黏貼不同的內容，比如動物、花草等。

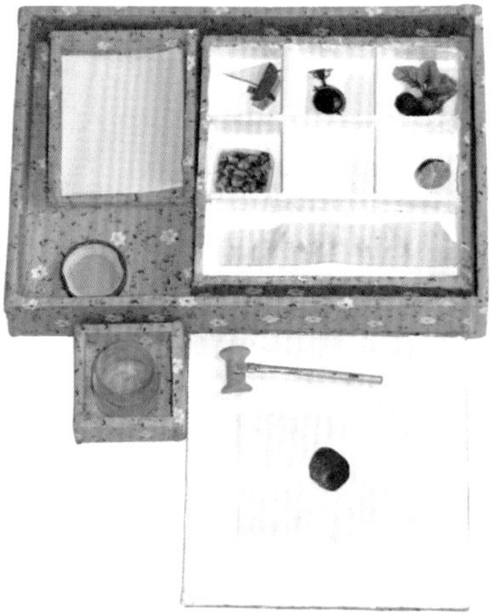

練習剪

建議月齡：24～36個月

工具：剪刀、剪刀包、長條紙、收納紙條的小盒子、收納碎紙屑的小桶、工具盤。

示範：（1）將剪刀包放到孩子面前；

（2）一隻手壓著剪刀包的一頭，另一隻手緩緩地將剪刀抽出來；

（3）一隻手握著剪刀中間，另一隻手將拇指和食指穿過剪刀手握的部位；

（4）拇指和食指撐開剪刀，說「開」，拇指和食指閉起剪刀，說「閉」；

（5）讓孩子重複這個步驟，如果做不到，就反覆練習，直到熟練為止；

（6）從盒子裡拿出一張紙條；

（7）一隻手捏著紙條一端，另一隻手從另一頭用剪刀一段段地剪；

（8）讓剪下的碎紙條落到盤子裡；

（9）將所有剪下來的碎紙條都放到小收納桶裡；

（10）當孩子不想再繼續時，與孩子一起收拾。

提示：如果孩子無法一隻手捏紙條一隻手用剪刀，我們可以幫助他捏著紙條。紙條不能太細，也不能太粗，剛好一剪刀可以剪開的寬度。推薦使用小型的真正的剪刀，而不是兒童塑膠剪刀。收納桶裡的小紙條可以利用起來做黏貼。

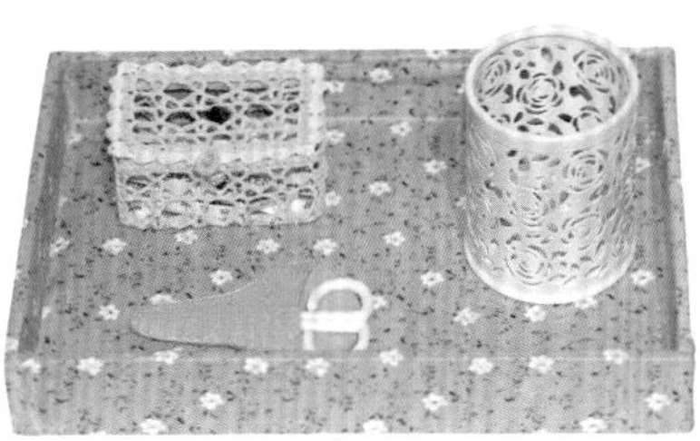

練習縫紉

- 建議月齡：24～36個月
- 工具：針、收納針的針筒、一束線團、針插、剪刀、剪刀包、襯墊、頂針、縫紉卡、工具籃。
- 示範：（1）拿出針插放在襯墊左上方；

（2）拿出針筒，打開，平放在桌子上，輕輕地將針滑出來；

（3）將針插在針插上，將針筒放在針插旁邊；

（4）拿出剪刀包，放在針筒旁邊；

（5）拿出線團，按住線團一頭，讓孩子牽著選中的那根線往外抽；

（6）將剩下的線團放回籃子，將抽出來的線展開放在桌子上；

（7）拿著針，指給孩子看，說：「這邊是針頭，很尖，這邊是針眼，我們等一下要把線穿過針眼。」

（8）將針插到針插上；

（9）一隻手拿著線頭，另一隻手的食指在嘴中稍稍潤濕，然後捻一下線頭；

（10）將線頭穿過針上的針眼；

（11）將針與線一起放在桌子上，將線的末端打個結，可以幫助孩子完成這個步驟；

（12）選擇一張縫紉卡，一隻手拿著縫紉卡，另一隻手將針從縫紉卡的第一個小孔上面垂直穿過，當穿到1/4處時，將縫紉卡翻過來，讓孩子看看，針在另一邊了；

（13）將針帶著線從另一邊穿過，直到線的根部；

（14）將針從這一邊穿入第二個小孔，同樣，穿到1/4處時，翻過去，從另一邊穿完，讓孩子看看，告訴他：這就是一針；

（15）拿著縫紉卡，讓孩子拿著針繼續穿第三個孔，直到用同樣的方法穿完最後一個孔；

（16）請孩子將針插到針插上；

（17）拿出剪刀，請孩子將線剪開；

（18）放回剪刀，將針孔裡剩下的線頭拿出；

（19）將做好的縫紉卡片放於一旁，讓孩子再選擇一張卡片，直到不想繼續做；

（20）和孩子一起收拾，將剩下的線頭和做好的卡片收納到固定的地方。

提示：剛開始讓孩子練習縫紉的時候，我們需要提供很多幫助，可以幫他拿著卡片，並幫他將卡片翻轉。如果孩子還無法剪線頭、打結等，我們可以先幫他完成這些部分。也可以先在紙片上用鉛筆畫點，讓孩子用針刺作為前期工作。

關注孩子的精神世界：因應自我認同危機

1歲之後，尤其在孩子能夠自如地走路後，他們的精神世界會隨之發生翻天覆地的變化，育兒之路也會變得更具挑戰性。在很多過來人眼裡，1～3歲的幼兒非常麻煩，甚至惹人嫌，到了2歲的麻煩高峰期，就直接給他們貼上「可怕的2歲」這張標籤，認為這是一群到處亂摸亂跑、不好好睡覺吃飯、不聽大人話、經常大喊大叫、從來不能安靜地坐上一會兒、而且還脾氣大得不得了的「小猴子」。

希瓦娜．蒙塔納羅博士在《生命重要的前三年》這本書中，闡述了0～3歲孩子會遭遇的四個危機，其中自我認可危機是最後一個，也是持續時間最長的一個。

蒙媽說

「如果父母有準備、有耐心、有智慧，

將孩子的這種自我意志看作健康、正常的，甚至是令人欣喜的努力，

這個自我認可危機其實在孩子2歲左右就可以結束。

孩子們並不是故意和我們作對，

他們只是在經歷一段非常艱難的自我認可危機。」

從一個生命誕生起，就有一股追求獨立的最原始動力來支援孩童對環境的探索以及與我們的互動。這個生命一旦意識到自己強大的力量，最早的對抗就開始了。什麼是可怕的2歲？那是我們一直忽視的這股力量某一天突然強大到深深地震懾了我們，於是我們就給它冠以「可怕的2歲」這個極度負面的名字。很多父母認為這就是倔強或者執拗，需要糾正。可怕的2歲其實是從不太可怕的1歲以內，到有點可怕的1到2歲，發展到非常可怕的2歲的。如果父母焦躁、無視，習慣採取對抗模式，那麼孩子就遠不止有可怕的2歲，將來還會有可怕的3歲、4歲、5歲、6歲、7歲、8歲……一百歲。

對這個自我認可危機不可小覷，那我們應如何準備、如何應對呢？這裡給大家五個錦囊。

錦囊1：觀察瞭解孩子的需求並進行持續的環境準備

經過一年多的觀察和認識，我們發現這個階段的孩子不再像以前的那個小嬰兒了，他的需求越來越多，但歸根結底，你會發現，這些需求的核心其實就是兩個：獨立和秩序。

❶ 獨立

開始自如行走的孩子越來越意識到自己是一個獨立的個體，他想透過各種方式證明自己的強大，大人可以做的，他都想嘗試挑戰。孩子的獨立自主不是天生的，需要透過後天努力獲得，所以我們要從他生活的環境（環境設計）及活動的內容（自理、家務等），為他們創造條件，幫助他們實現獨立的願望。獨立涉及到方方面面的內容，比如獨立如廁就是發展自我控制的重要課程，還有語言表達能力的快速提高，內心願望更容易被親密的人理解等，也能幫助孩子感覺到更加獨立。

現在他可以自如地行走在每個房間裡，所以我們要透過巧妙地改造房間細節來全方位地讓他感覺到自己的強大，從而增強他的自信心、自尊心。

具備了合適的環境，我們還要為孩子提供條件，讓他們參與到日常生活中來，那就是之前大篇幅分享的自理、家務和有關食物的親子活動等。

除此之外，更重要的是我們要從內心真正將眼前的這個孩子當成一個有思想的獨立人類。我們需要像尊重貴賓一樣尊重他們完整而獨立的人格。我們很可能在童年時期未曾受到這樣的禮遇，所以更需要反覆提醒自己，不要輕視眼前的這個孩子，不要侵犯他們的權利。

蒙媽日記

最近女兒對一個詞很感興趣，這個詞就是：權利。

爸爸總是忍不住抱她、親她，有時候會引起她的不滿：「不要親我！」

我當著女兒的面跟爸爸說：「你要先問下蔓蔓能不能親再親啊！」然後我告訴女兒，「我們問你能不能親，如果你不想，你就說『不能』，這是你的權利。」

女兒聽得極其認真，這話肯定說到她心坎裡去了。

於是爸爸馬上學以致用：「我能不能親你啊？」

女兒斬釘截鐵地說：「不能！」臉上還洋溢著自豪。

我有點使壞，也跟著問：「我能不能親你啊？」
女兒溫柔地貼過臉說：「能。」
最近我倆確實有點爭女兒的寵，這個不太好，要改要改。
即將吃晚飯了，女兒忙著玩，不去洗手吃飯。爸爸催促，我說：「不要叫她了，她很忙，我們先吃吧。」最近我們總是跟這個愛說「不」的2歲娃反其道而行之。
果然女兒一邊飛一般地衝向洗手間，一邊喊道：「我有吃飯的權利！」

❷ 秩序

這一階段，孩子對秩序極為敏感，所以我們在環境中的每個區域都反覆提到了收納，在每項活動的最後也都有收拾的步驟。我們需要盡可能地保持孩子生活環境的秩序，習慣利用各種籃子、竹筐、盒子、盤子進行分類整理，也要果斷捨棄一些當下不用的物品，有規劃地儲存或者捐送。

我發現不少家庭都習慣於將所有玩具一股腦兒放入一個箱子裡，孩子玩耍時再全部倒在地上，晚上睡覺時又全部放回去。這樣操作起來是很簡單，但你很快就會發現，孩子不僅很少對哪個玩具有長久的興趣，也很容易煩躁、黏人，於是父母以為是玩具的吸引力不夠了，然後又給孩子買一堆玩具放到這個雜貨鋪一樣的箱子裡。

這樣做實在太浪費了，但這還是其次，更關鍵的是孩子無法建立起秩序感，也就很難維持環境的秩序，更不會自覺配合收納玩具。因此在未來，孩子也可能缺乏內在的秩序感，對生活的方方面面都缺乏更強大的規劃能力。

在前一個月齡階段，我們示範並習慣於及時將孩子玩過的玩具和看過的書歸回原位。從1歲後，或者更早的時候起，我們就可以邀請孩子一起做這項歸位的工作了。即使孩子有時候不願意收拾，我們也可以直接說：「我來幫你吧，你想要收拾這輛汽車，還是這些積木？」養成一個好習慣需要長期的堅持，在孩子對秩序極為敏感的月齡階段，我們做了足夠的示範和合作，孩子將很快養成物歸原位的好習慣。

蒙媽日記

我洗完頭髮著急去廚房關火，便將吹風機放在廚房門口的小桌子上。一會兒女兒非常嚴肅地告訴我：「媽媽，這個不能放這裡，應該放在臥室。」

我說：「好的，等一下我就收回去。」

「媽媽，現在就收吧，不能放這裡。」女兒一臉焦慮地看著我。

我趕緊將吹風機收回，強忍著笑。

對我們來說稀鬆平常的小事，對孩子來說都是頭等大事。這種對秩序的熱愛，在成人眼裡有點像可愛版的強迫症了。

錦囊2：平衡自由與限制

我們在之前的月齡階段往往更強調自由，而在1歲之後，建議要逐步地給孩子建立界限的意識。可以想像，對於從未體會過環境限制的孩子，父母必然會面對一個更加棘手的自我認可期。在家庭中，父母要從孩子1歲左右開始，摸索如何給孩子制定清晰、明確、穩定且由少到多的規矩。

孩子快到1歲半的時候，這些規矩依舊要清晰、明確、穩定，但是父母要避免制定過多的規矩和限制。因為這個自我認可期常常以孩子說「不」或者搖頭拒絕開始，他們要不斷挑戰這些規矩，過多的規矩會讓他們產生挫敗感。他們的「不」有時候只是為了表達自己可以說「不」的能力，與內容無關。

為了預防他們無休止地「不、不、不」，可以給他們提供簡單的選擇而不是提問，不要問「你吃不吃米飯？」這樣的問題，可以改成「你要喝湯還是吃米飯？」但是隨著孩子認知的發展，提供選擇可能也不再奏效。

他們需要學會一些語句的區別，比如「這件事最好不要做」、「這件事不可以做」與「這件事完全不能做」。

拒絕孩子的時候，不要說「你太小了」或者「你還做不到」之類的話，直接告訴他「你不可以做」。要簡單明確地告訴他，讓他知道父母的權威和底線。當然他可能會一再挑戰這個底線，但是當得到持續一致的拒絕後，他反而會踏實地尊重這個底線，內心得到更大的安全感。

在這個階段，父母要保留最重要的權威，在有商量餘地的情況下，應盡量給予孩子自由和妥協，否則容易與孩子陷入長久的對抗模式。為了減少不必要的對抗，可以提前預防，比如在離開遊樂場之前要提前告訴孩子過一會兒就要離開了，不過到時候他很可能還是照樣說「不」，但是強度要比直接通告低很多。父母也要經常透過鼓勵、合作和遊戲的方式來避免直接對抗。

蒙媽日記

今天提前說好我出門辦事，爸爸帶她去逛超市。可是準備出門的時候，她非要跟我走。我用一分鐘時間拿出她比較喜歡的一個本子，畫了幾個購物清單，認真叮囑她：「一定要幫我買這些東西，爸爸總是忘記，你要提醒他哦。」

然後我認真地和爸爸說：「這是蔓蔓的本子，你可不要拿哦，讓蔓蔓來負責買東西。」

蔓蔓頓時兩眼發光，興奮得恨不能立刻去超市，自己就跑去戴帽子穿鞋，還拿上本子給爸爸念要買的東西。我見好就收，趕緊出發。

如果你想和孩子到青春期也保持信任關係的話，千萬不要透過暴力解決問題，打罵只會強化這個你不喜歡的行為，還會深深傷害孩子的自尊心。

順利的話，接近2歲，孩子會開始容易接受更多的限制，也能等待更長時間。

這個階段，孩子容易摔跤和燒傷，因為他們哪裡都想摸，又跑又爬又跳，一刻不停息。我們不能因此就阻礙孩子自由活動的權利。一旦孩子受傷，我們首先需要安慰他：「是不是很疼啊？」但也不要忘記安全教育，等孩子情緒過去以後，要告訴他為什麼會受傷，還有該注意些什麼。這種猝不及防且剛剛發生過的事故往往能幫助他們學會因果聯繫，建立安全意識。

此外還要注意的是，1歲半左右的孩子已經有了和青少年差不多的鑒賞力，所以在房間裝飾、衣服搭配上盡量也要諮詢他們的意見。

錦囊3：不給予成人標準的社交期待

當孩子有了更多的社交活動，也便有了更多的社交衝突，這時父母往往容易強迫孩子主動道歉或者跟其他孩子分享玩具。在這個自我認可期，這是非常不提倡的方式。

自我認可期開始的標誌就是「我的」、「不」這些詞彙的頻繁出場，在孩子眼裡，一切都是他的，我們只有在這個階段不強迫他分享，他才有可能在4歲以後出現自發式的分享。而強迫道歉並不能讓孩子真正理解道歉的含義，最好的辦法就是做好道歉的榜樣，事後引導孩子觀察、理解對方的立場和情緒。

禮貌教養的養成，最好的辦法就是成人的示範。3歲以下的孩子聽不進任何說教，但是會很輕鬆自然地吸收身邊環境中的一切內容，不論好壞，所以這時候身教的重要性尤為突出。但是我們不能急於求成，身教不可能看到立竿見影的效果。我們示範，不是為了讓孩子立刻照做。

嬰幼兒的吸收性心智使他們將看到、聽到的一切行為都儲存起來，所以他們旁觀某個行為的機會越多，未來在他們生活中再現的機會也越多。在心理學中，這叫「延遲模仿」，所以在0～3歲的嬰幼兒面前，不要低估我們每個行為動作的影響力。

蒙媽日記

我一直耐心等待孩子真心實意的自發性分享行為，而不是迫於大人的壓力，不情不願地去分享。我告訴她：「你的東西你有權利支配。」

那天，女兒在喝從來沒喝過的甜味優酪乳，恰巧她的好夥伴、小妹妹愛美麗在旁邊。愛美麗眼巴巴地看著，吵著要喝。我也只能厚著臉皮不作聲。女兒邊喝邊瞅著小妹妹，好半天才字正腔圓地對我說：「給愛美麗喝一點吧。」

我和愛美麗的媽媽都樂開了花，愛美麗的媽媽拿來一個小杯子，女兒親自倒了大半杯。然後兩個女孩喜滋滋地一起喝了起來。

按常規來說，孩子要到4歲之後才會出現自發性分享行為。但我觀察到不少孩子不到1歲就開始有偶爾的自發分享。在一個尊重物權的環境中，孩子這種偶發式的分享會越來越多。

這是女兒2歲後讓我印象最深刻的一次自發分享。

錦囊4：進入集體環境

在幼兒的走路技能很嫻熟之後，他們就開始需要集體環境了。即使家庭提供了足夠豐富、迎合孩子發展的活動，他們依然可能會感覺無聊和煩躁，尤其對於精力旺盛的孩子來說，他們需要更廣闊的環境，更多的社交活動，這時便是進入集體環境的最佳時刻，孩子需要，父母也需要。處於自我認可期的幼兒，對父母陪伴的要求很高，更多的耐心和理性，不是所有父母在所有時刻都能做到的。

進入集體環境，對孩子和父母都是好事，不過理想的是，每天離開家庭的時間盡量不要超過五個小時，其餘時間還是要與家人在一起。

還有，集體環境的品質尤其重要，因為它會在很大程度上影響孩子的心理發展。瑞典一項研究發現，進入高品質的托兒所會影響孩子小學時期的表現，能讓他們有較好的認知、情緒及社交能力的發展。西方已有很多研究得出了相同結果。歐洲很多國家的托幼機構都能給嬰幼兒提供豐富、積極的體驗和體貼、溫暖的照料，而目前華人世界中的托幼機構品質參差不齊，父母也很難鑒別。如果沒有放心可靠的托幼機構，建議在家帶娃，父母可以透過參加一些早教活動、鄰里親戚孩子的往來和豐富有趣的家庭生活安排，來彌補集體環境欠缺的不足。

錦囊5：冷靜幫助失控的孩子

即使我們滿足了孩子對秩序感的需求，提供了豐富有趣的活動讓他感到自己足夠能幹和自信，也沒有強迫孩子達到這個年齡段無法理解和接受的成人社交期待，他照樣還是會挑戰我們的底線，歇斯底里地發脾氣。那該怎麼辦？

可以這樣做

暴風雨來臨時，我們可以嘗試以下這些方法：

1. 找到孩子發脾氣的原因，問他是否需要幫助，不涉及原則的情況下可以盡量滿足他。很多時候，孩子的語言能力還無法表達稍微複雜一點的情緒，有時候他僅僅就是累了、困了或者興奮過度，依據性格差異，孩子發脾氣的強度也因人而異，有的孩子會很暴力，讓父母感到他已經完全失控。
2. 涉及人身安全時，我們要暫時透過控制孩子的身體來保證他的安全。
3. 幫助孩子正確地發洩情緒，比如說：「你不可以打我，我會很疼，但是可以打這個大鼓。」或是，「讓我看看你有多生氣，哇，枕頭打得這麼用力，看來真的很生氣啊！」
4. 我們也可以給孩子提供兩到三個選擇：「你是想讓媽媽還是爸爸幫你刷牙？」或者提前準備一個注意力轉移神祕袋，裡面裝上他喜歡吃的食物或者玩具。
5. 還可以和孩子保持同樣的高度，看著他的眼睛，擁抱他，接納他的情緒，說出他的心聲：「你一定特別想吃這塊蛋糕。」

如果一切方法都不奏效，那就重新選擇介入的時間。孩子發脾氣也是「弱強弱」的節奏，在最強的時候，我們只能陪伴在他身邊，千萬不要在這個時候介入，不然會讓這個強度變得更強。等到稍微弱下來的時候，我們再嘗試這些方法。底線不可讓步，但要在這個時候給予孩子安慰，讓他知道媽媽依然愛他。耐心地等待暴風雨過去，一切說教在這時都是毫無意義的，甚至會起反作用。接納、陪伴，並且堅持一貫的原則，我們的孩子會感謝我們所做的一切。

事後我們可以和孩子一起修復混亂的場面，讓他知道自己要對自己的行為負責。孩子的情緒來得快去得也快，成人有時卻不會，不要為此影響自己的心情，或事後把情緒傳導給孩子讓他產生負罪感，更不要秋後算帳。

每次等到孩子平靜下來之後，父母要一起認真觀察，分析並找到孩子發脾氣的原因，也許是因為新寶寶的出生？或者是居住環境的變化？或者是家庭氛圍最近比較緊張？或是我們剝奪了他獨立做事的機會？還是排程得太滿？……將此一一記下來，日後盡量對症下藥，避免重蹈覆轍。

有時候在公眾場合，父母難免會為此而感到尷尬，如果不能立即離開現場，就盡量不要被周圍人的目光影響，保持冷靜和智慧，父母亂了陣腳，場面會更加混亂。如果我們在外遇到此番情景，也要理解對方父母，靜靜離開，不要隨意評價。

蒙媽說

「孩子失控，是因為大腦負責自控的前額葉區域遠未成熟。
父母會控制自己的情緒，孩子才能學會如何控制情緒。
我們是否會控制情緒，就要看我們能否冷靜地幫助一個失控的孩子。」

傳統心理學將這個階段定義為「可怕的2歲」，如果讀者朋友跟隨本書的腳步踏實地去實踐，到那時，定會自信地告訴未來的父母：2歲一點都不可怕，相反還很美好，孩子的自我意識得到了充分發展，他們即將迎來更美好的3～6歲。即使未來的成長之路依然不易，但是，父母在最關鍵的前三年，已經給孩子的一生做好了最放心的準備。

尾聲

人們對蒙氏教育的八大誤解

由於蒙特梭利教育在華人世界起步晚，加之網路時代，資訊碎片化嚴重，很多人對蒙特梭利教育，尤其是蒙氏家庭教育一知半解，甚至存在很多誤解。我最後在這裡給大家正本清源，釐清幾個誤區。

誤解1：蒙特梭利教育是舶來品，只適合國外家庭。

蒙特梭利教育雖然起源於歐洲，但是在全世界都已開花結果。無論是在北美和西歐的發達國家，還是在非洲和印度的偏遠地區，在全世界的每個角落，我們都能發現很多在家實踐蒙特梭利教育的父母。蒙特梭利家庭教育完全不受地域、文化和經濟條件的限制，全世界父母都可以將其輕輕鬆鬆帶回家，讓孩子受益。

我們發現傳統的華人育兒方法仍然是適應過去農耕時代的方法，如今華人父母們不得不將其推倒重來，摸索適應現代社會的新教育方式。這本書就想為迷茫中的華人父母指出切實可行的實踐方法，只要在國外經驗的基礎上稍加改良，我們就可以將蒙氏家庭教育本土化，在家中實踐現代教養理念。

比如關於睡眠，我們並沒有照搬國外的經驗，讓孩子睡落地床，而是推薦大家給孩子使用較寬的矮床。我們不反對父母與孩子同睡，但是也提出了很多幫助孩子循序漸進實現獨立自主睡眠的建議。每個家庭可以根據自己的實際情況在實踐過程中進行調整。寬矮床可進可退，如果孩子順利實現了獨立自主睡眠，寬矮床可以滿足孩子安全睡眠和獨立上下床的需求；如果孩子很難和媽媽分開，這個床也能滿足媽媽陪睡的條件。

誤解2：蒙特梭利教育是一百年前創設的，放到現在有些過時，很難適應當今時代。

蒙特梭利教育理念與其他很多教育理念都不相同，它不僅僅是一種教育哲學。蒙氏教育的幾大核心理念已經得到了最新神經生物學和發展心理學的科學驗證，是真正的科學教育法之一。而且蒙特梭利博士本人就有很深厚的科學背景，更重要的是，她常年在育兒一線進行觀察、研究，兩者結合才使她創設了直至今日都非常具有前瞻性的教育方法。

時代在變，但是人心不變，兒童發展規律不變。更可貴的是，蒙氏教育理念是世界上極少的已經在大範圍內實踐成功的教育方法，經過一百年的傳承和發展，如今更加成熟、完善，正是適應未來世界個性化教育的最佳教育模式之一。

誤解3：孩子只能在蒙特梭利學校才能接受純正的蒙氏教育。

蒙特梭利教育不是只能在蒙特梭利學校才能接受的教育，世界各地有無數父母在家中實踐蒙氏教育，尤其是在孩子生命中最重要的前三年。國際蒙特梭利協會提出了一套完整、具體的家庭方案，歐美無數家庭已經從睡眠、進餐、護理、活動、心理五大方面積累了豐富的蒙氏家庭教育經驗。

大多數父母都是「無證上崗」，所以不論父母們接觸了多少蒙特梭利教育理念或方法，對孩子的家庭教育都是有益的。在家實踐蒙特梭利教育沒有門檻，難在堅持。很多人心血來潮、照貓畫虎、幾下就將其丟在了一邊，而在家實踐蒙氏教育最忌諱一曝十寒。如有必要，可以加入一些蒙特梭利社群組織，大家一起相互鼓勵、啟發。書中的「蒙媽日記」便是我分享在社群中的精華，那些都是我在育兒實踐中的總結和反思。獲取育兒知識很容易，但重要的是融會貫通、日日精進。

誤解4：在家實踐蒙氏教育必須買很多昂貴的教具，或者準備很多蒙氏小活動。

蒙特梭利教育的核心並不是眼花撩亂的蒙氏教具和蒙氏小活動，在家實踐蒙氏教育的關鍵是從家庭觀察和環境設計中，改變以成人為中心的教養態度，實現教養能力的有效提升。在家實踐蒙特梭利教育並不需要購買很多專業、昂貴的蒙氏教具，也不需要馬不停蹄地給孩子準備各種蒙特梭利小活動，只要領會了蒙氏教育理念的精髓，隨時隨地，生活中的一切都是蒙氏教育。

試想一位媽媽給孩子布置了精美的蒙氏家庭環境，每天給孩子設計各種有趣的蒙氏小活動，但她如果因為孩子不享受她的安排而感到焦慮，那便是捨本逐末，沒有真正領會蒙氏教育理念的根本：跟隨兒童的節奏！

誤解5：只有那些生活優渥，不需要加班、做家務的父母才有可能在家實踐蒙氏教育。

很多家長都有這樣的感受：平時那麼忙，哪有時間和精力實踐這套蒙特梭利家庭方案？其實這套方案，不論是從睡眠、進餐，還是從護理、活動的各個方面來講，提出的都是科學、高效的育兒建議。也許剛開始實踐起來不是那麼容易，但是大家很快就能體會到科學育兒的好處。

在家實踐蒙氏教育能讓我們少走很多育兒彎路，大大提高育兒效率和品質。對於特別繁忙的父母來說，實踐蒙特梭利家庭方案尤其必要。正是由於忙碌的父母給孩子的陪伴時間太少，所以在有限的時間裡，我們才更要提高陪伴品質。比如可以帶著孩子一起做家務，雖然完成家務的時間更長了，但我們同時也給了孩子最有益的啟蒙教育和最寶貴的親子時間，可謂一舉多得。如果因為太忙而忽略了給孩子的教養和陪伴，那孩子在0～3歲積累的問題一定會在未來某個時間爆發，到時就需要父母投入更多的時間和精力去彌補，效果還不一定理想。

誤解6：我們家房間面積很小，沒有條件設計那麼精緻的蒙氏環境。

任何條件的家庭都可以給孩子設計出蒙氏家庭環境，家居面積越小，越需要精巧的設計，家長應高效地利用空間，為孩子開闢出單獨的區域。我見過一些即使住在擁擠、狹小的房子裡，也照樣設計出了適宜孩子發展的家庭環境的父母，能否做到的關鍵在於是否用心。

在家實踐蒙特梭利教育並不需要完美地實踐所有的設計和活動，育兒過程中的細節真的不重要，有沒有這個設計、這項活動、這個玩具、這本童書一點都不重要，關鍵是要跟隨眼前的這個孩子，瞭解他的發展節奏和個性氣質，力所能及地為他準備合適的環境，不需要盡善盡美。

誤解7：在家實踐蒙氏教育需要全家人通力合作，可現實是只有媽媽一個人在做，爸爸不合作，老人亂插手。

在第二章，我分享了法國媽媽敏銳、理性的教養風格和獨立、自信的個性氣質，她們是蒙氏媽媽的最佳代言。只有當媽媽們有獨立決策的能力時，只有當媽媽們對自己的教養理念和方法有足夠的自信時，才能不受其他人影響地堅持實踐。因為孩子在0～3歲的可塑性非常強，所以媽媽們稍微堅持一下就能看到成效。身邊的人只有看到了效果才會認可你的方式，才會主動地配合和實踐。而身為媽媽的你，則是用實際行動給身邊的人進行了科學教養的啟蒙。

第四章我們還介紹了在德國爸爸的啟發下，蒙氏爸爸參與育兒的方式。我們能從中領會到，爸爸參與育兒的積極性很大程度上依靠的是媽媽的放手和鼓勵。沒有一百分的爸爸或者媽媽，但是爸爸媽媽互助合作，可能就會有一百分的家庭教育。

不論我們多麼努力，現實中依舊會有很多不完美，我們無法給孩子提供最完美的教養環境，只能盡力而為。在實踐過程中，我們要足夠灑脫、有智慧，懂得抓大放小，在對的時間不阻礙、不放縱、不搖擺。

誤解8：我在做家庭觀察的時候，發現孩子比書中的成長觀察記錄要落後一些。參考書末的「0～3歲蒙特梭利家庭方案圖」給孩子設計的一些活動，在對應的月齡，孩子往往做不到。

我們分享自家孩子的成長觀察記錄，目的不是讓父母給孩子的發展做驗收。父母不能按照月齡逐條比較孩子的發展是快還是慢。隨著月齡的增大，孩子的發展差異也會越來越大，可比性越來越小。這份成長觀察記錄更多的是給父母提供一個觀察的角度。父母要時刻謹記，每個孩子都有獨一無二的發展節奏，在家實踐蒙特梭利教育的關鍵就是發現和跟隨孩子的這個發展節奏。只有當孩子出現了長期、明顯的發展滯後時，才有必要找專業機構進行評估。

「0～3歲蒙特梭利家庭方案圖」的設計目的是幫助父母梳理書中關鍵的實踐內容，便於父母對照孩子的月齡做好準備，並不要求孩子必須達到能夠完成這項活動的能力。恰恰是因為這些活動有適合的挑戰難度，才會引起孩子的深層興趣，由興趣引發孩子重複練習，在重複練習中，他們便能達到長時間的專注。專注才能對孩子的大腦實現長期有益的塑造，幫助孩子建構自我。

致謝

雖然寫作這本書用時三年，但都是利用育兒工作之外的碎片時間完成的，再加上我們文筆有限，難免會有很多不完美、不嚴謹之處，懇請讀者批評、指正，提出改進意見。

在這裡，我們要衷心感謝在本書寫作和出版過程中幫助過我們的所有親人、朋友和老師。

首先要特別感謝我的朋友楊焜，他創辦的蒙生蒙特梭利家庭教室為我們友情提供了大量教具和部分精美照片。

感謝曹棟博士，經這位清華大學美術博士的推薦，我們才認識了同為媽媽的趙晶晶老師。趙老師每次都能將我們的草圖用完美的顏色和線條呈現出來，透過她的畫筆，相信讀者一定能夠更加形象地領會蒙特梭利家庭環境的設計理念。

感謝我的老師們，德國的AMI 3～6歲國際蒙特梭利培訓師瑪利亞・羅特（Maria Roth）、美國的AMI 0～3歲國際蒙特梭利培訓師莎琳・史密斯（Sharlyn Smith），以及法國斯特拉斯堡大學教育學教授亨利・維耶勒-格羅讓（Henri Vielle-Grojean）和伊莉莎白・勒尼奧（Elisabeth Regnault），是他們引導我專注地學習、研究、實踐兒童教育和蒙特梭利教育。

感謝我們的摯友項志勇和康國旗以及我的高中語文老師姚彩清幫我們修改文字內容。

感謝我們身邊的法國媽媽們，包括馬蒂娜、艾洛蒂、高麗娜、西爾維等；感謝身邊的中國媽媽們，包括陳臻、謝昕、張慧等；感謝知識星球在家蒙特梭利社群的上百位父母、老師們跟我們分享大量育兒實踐經驗。

感謝陳舒洋、楊超、尹亞梓、顧喬、北北媽、張琴等給予我跟蹤觀察她們孩子的機會；感謝女兒的蒙特梭利學校給予我入班觀察的機會。

感謝我在法國蒙特梭利班級的孩子們，以及邵穎老師和她的兒子瑞瑞、舒洋的女兒朱莉、顧喬的女兒愛美麗友情出鏡。

感謝浙江大學神經科學研究所王曉東教授和德國海德堡大學跨學科神經科學中心劉海坤教授為我們的蒙特梭利科學實證提供嚴謹、專業的支援和意見。

感謝我的出版社朋友金愛民鼓勵我開始記錄寫作；感謝陳禾老師介紹我結識湛盧文化；感謝湛盧文化的季陽老師、方妍老師等用心設計、編輯這本書。

感謝為我傾情作序並推薦的前輩老師們。

當然還要特別感謝我們的爸爸媽媽和弟弟妹妹們，是他們無私的支持才讓我們堅持三年完成了這本育兒記錄和分享。

最後還要感謝我們的女兒吳蔓之，是她給予我們珍貴的機會，讓我們能夠真正將在家實踐蒙特梭利教育的計畫變為現實，享受為人父母的喜悅和成就。

教會孩子照顧自己，是他一生最好的禮物：
把握0～3歲黃金期，爸媽第一次蒙特梭利育兒就上手！

作　　者｜尹亞楠、吳永和
社　　長｜陳蕙慧
總 編 輯｜戴偉傑
主　　編｜李佩璇
行銷企劃｜陳雅雯、尹子麟、洪啟軒、余一霞
封面設計｜簡至成
內頁排版｜簡至成

出　　版｜木馬文化事業股份有限公司
發　　行｜遠足文化事業股份有限公司（讀書共和國出版集團）
地　　址｜231新北市新店區民權路108-4號8樓
電　　話｜(02)22181417
傳　　真｜(02)22180727
Email｜service@bookrep.com.tw
郵撥帳號｜19588272木馬文化事業股份有限公司
客服專線｜0800-221-029
法律顧問｜華洋法律事務所　蘇文生律師
印　　刷｜通南彩色印刷有限公司
初　　版｜2020年08月
初版三刷｜2023年07月
定　　價｜420元

國家圖書館出版品預行編目(CIP)資料

教會孩子照顧自己,是他一生最好的禮物：把握0-3歲黃金期,爸媽第一次蒙特梭利育兒就上手! / 尹亞楠, 吳永和著. -- 初版. -- 新北市：木馬文化出版：遠足文化發行, 2020.08
面；17*23公分
ISBN 978-986-359-819-0(平裝)

1.育兒 2.親職教育 3.蒙特梭利教學法

428　　109009430